3D打印前沿技术丛书

丛书顾问◎卢秉恒　丛书主编◎史玉升

金属基复合材料3D打印技术

宋　波　文世峰　魏青松　闫春泽◎著

史玉升◎主审

JINSHUJI FUHE CAILIAO 3D DAYIN JISHU

華中科技大學出版社

http://www.hustp.com

中国·武汉

内 容 简 介

本书内容包括复合材料的种类与应用前景，传统制备复合材料的方法与存在的问题，3D 打印制备复合材料的意义与优势，制备复合材料的各类 3D 打印原理与特点。重点讲述复合材料的粉末制备原理与制备方法，详细阐明了金属基复合材料的 3D 打印工艺，涉及铁基、铝基、钛基等复合材料，分析了其增强相增强原理，也指出了成形过程中一些常见的缺陷(裂纹、孔隙等)及其产生的原因，提出了解决方法。最后，展望了激光 3D 打印金属基复合材料的应用前景。

本书的面世将对从事 3D 打印复合材料科研的工作者起到指导作用，对整个 3D 打印行业的进步起到推动作用，对未来 3D 打印复合材料的制备起到理论指导作用。

图书在版编目(CIP)数据

金属基复合材料 3D 打印技术/宋波等著. —武汉：华中科技大学出版社，2020.8
(3D 打印前沿技术丛书)
ISBN 978-7-5680-6141-4

Ⅰ.①金… Ⅱ.①宋… Ⅲ.①立体印刷-印刷术 Ⅳ.①TS853

中国版本图书馆 CIP 数据核字(2020)第 151463 号

金属基复合材料 3D 打印技术
Jinshuji Fuhe Cailiao 3D Dayin Jishu

宋 波 文世峰 魏青松 闫春泽 著

策划编辑：张少奇
责任编辑：吴 晗
封面设计：原色设计
责任监印：周治超
出版发行：华中科技大学出版社(中国·武汉) 电话：(027)81321913
武汉市东湖新技术开发区华工科技园 邮编：430223
录 排：武汉楚海文化传播有限公司
印 刷：湖北新华印务有限公司
开 本：710mm×1000mm 1/16
印 张：9.5
字 数：189 千字
版 次：2020 年 8 月第 1 版第 1 次印刷
定 价：78.00 元

3D打印前沿技术丛书

About Authors

作者简介

宋波　华中科技大学教授，从事增材制造材料与结构设计，国家优秀青年基金、湖北省杰出青年基金获得者。担任华中科技大学快速制造中心副主任，军委科技委国防科技创新特区主题办公室主任。担任 *Nano Materials Science* 杂志编委、SCI 期刊 *Engineering* 青年通讯专家等。主持国家自然科学基金、美国波音国际合作、国防科技创新特区基础前沿项目等项目，发表 SCI 论文 70 余篇，SCI 他引 1500 余次。主编英文专著 2 部，参编著作 1 部，参与制定 2 个国家标准。获湖北省技术发明一等奖(排 5)、第二届全国“源创杯”南部赛区二等奖(排 1)、中国机械工程学会工作成果奖。研发的增材制造高性能金属及其复合粉材应用于美国波音公司等单位。

文世峰　华中科技大学副教授、硕士生导师，入选武汉“光谷 3551 人才计划”。担任中国机械工程学会增材制造分会委员、航天科技集团八院增材制造技术中心专家委员会委员、湖北省 3D 打印产业技术创新战略联盟副秘书长。主要从事 3D/4D 打印装备及工艺研究，承担军委科技委战略前沿项目、国家 863 计划(课题)、两机专项、国家自然科学基金联合基金(课题)、广东省重大科技专项等项目 10 余项。已在 *Advances Science*、*Journal of Materials Processing Technology*、*Applied Surface Science*、*Materials & Design*、*Rapid Prototyping Journal*、《中国激光》等国内外学术期刊上发表 SCI、EI 论文 50 余篇，相关研究成果获 2011 年国家技术发明二等奖 1 项，中国机械工业科学技术奖一等奖 1 项，申请或已授权国家发明专利 30 余项，参编专著/教材 5 部。

魏青松 华中科技大学"华中学者"特聘教授，材料科学与工程学院博士生导师，材料工程与计算机应用系副主任，材料成形与模具技术国家重点实验室PI、教授，华中科技大学学术前沿青年团队负责人。担任中国机械工程学会增材制造(3D打印)技术分会副总干事、中国机械工程学会特种加工分会理事、中国模具工业协会装备委员会副主任。主要从事增材制造(3D打印)研究与教学工作。成果已在航空发动机机匣熔模、高性能金属模具及个性化人体植入物等方面应用。在*Acta Materialia*、《中国科学》等权威期刊上发表论文150余篇(SCI他引500余次，ESI高被引论文1篇)。担任全国增材制造青年科学家论坛主席，受邀报告10余次。获5项省部级科技奖励。

闫春泽 华中科技大学教授、博士生导师，华中科技大学快速制造中心主任。入选湖北省百人计划、湖北省楚天学者计划和武汉市"3551光谷人才计划"。2003年进入华中科技大学材料成形与模具技术国家重点实验室攻读博士学位，主要研究方向为激光选区烧结(SLS)增材制造材料及成形工艺。2010—2015年在英国埃克塞特大学(University of Exeter)担任研究员(research fellow)，从事金属点阵结构设计与激光选区熔化(SLM)增材制造研究。

总序一

“中国制造 2025”提出通过三个十年的“三步走”战略，使中国制造综合实力进入世界强国前列。近三十年来，3D 打印（增材制造）技术是欧美日等高端工业产品开发、试制、定型的重要支撑技术，也是中国制造业创新、重点行业转型升级的重大共性需求技术。新的增材原理、新材料的研发、设备创新、标准建设、工程应用，必然引起各国“产学研投”界的高度关注。

3D 打印是一项集机械、计算机、数控、材料等多学科于一体的，新的数字化先进制造技术，应用该技术可以成形任意复杂结构。其制造材料涵盖了金属、非金属、陶瓷、复合材料和超材料等，并正在从 3D 打印向 4D、5D 打印方向发展，尺度上已实现 8 m 构件制造并向微纳制造发展，制造地点也由地表制造向星际、太空制造发展。这些进展促进了现代设计理念的变革，而智能技术的融入又会促成新的发展。3D 打印应用领域非常广泛，在航空航天、航海、潜海、交通装备、生物医疗、康复产业、文化创意、创新教育等领域都有非常诱人的前景。中国高度重视 3D 打印技术及其产业的发展，通过国家基金项目、科技攻关项目、研发计划项目支持 3D 打印技术的研发推广，经过二十多年培养了一批老中青结合、具有国际化视野的科研人才，国际合作广泛深入，国际交流硕果累累。作为“中国制造 2025”的发展重点，3D 打印在近几年取得了蓬勃发展，围绕重大需求形成了不同行业的示范应用。通过政策引导，在社会各界共同努力下，3D 打印关键技术不断突破，装备性能显著提升，应用领域日益拓展，技术生态和产业体系初步形成；涌现出一批具有一定竞争力的骨干企业，形成了若干产业集聚区，整个产业呈现快速发展局面。

华中科技大学出版社紧跟时代潮流，瞄准 3D 打印科学技术前沿，组织策划了本套“3D 打印前沿技术丛书”，并且，其中多部将与爱思唯尔（Elsevier）出版社一起，向全球联合出版发行英文版。本套丛书内容聚焦前沿、关注应用、涉猎广泛，不同领域专家、学者从不同视野展示学术观点，实现了多学科交叉融合。本套丛书采用开放选题模式，聚焦 3D 打印技术前沿及其应用的多个领域，如航空航天、工艺装备、生物医疗、创新设计等领域。本套丛书不仅可以成为我国有关领域专家、学者学术交流与合作的平台，也是我国科技人员展示研究成果的国际平台。

近年来，中国高校设立了 3D 打印专业，高校师生、设备制造与应用的相关工程技术人员、科研工作者对 3D 打印的热情与日俱增。由于 3D 打印技术仅有三十多年的发展历程，该技术还有待于进一步提高。希望这套丛书能成为有关领域专家、学者、高校师生与工程技术人员之间的纽带，增强作者、编者与读者之间的联系，促进作者、读者在应用中凝练关键技术问题和科学问题，在解决问题的过程中，共同推动 3D 打印技术的发展。

我乐于为本套丛书作序，感谢为本套丛书做出贡献的作者和读者，感谢他们对本套丛书长期的支持与关注。

西安交通大学教授
中国工程院院士

2018 年 11 月

总序二

3D 打印是一种采用数字驱动方式将材料逐层堆积成形的先进制造技术。它将传统的多维制造降为二维制造，突破了传统制造方法的约束和限制，能将不同材料自由制造成空心结构、多孔结构、网格结构及功能梯度结构等，从根本上改变了设计思路，即将面向工艺制造的传统设计变为面向性能最优的设计。3D 打印突破了传统制造技术对零部件材料、形状、尺度、功能等的制约，几乎可制造任意复杂的结构，可覆盖全彩色、异质、功能梯度材料，可跨越宏观、介观、微观、原子等多尺度，可整体成形甚至取消装配。

3D 打印正在各行业中发挥作用，极大地拓展了产品的创意与创新空间，优化了产品的性能；大幅降低了产品的研发成本，缩短了研发周期，极大地增强了工艺实现能力。因此，3D 打印未来将对各行业产生深远的影响。为此，"中国制造2025"、德国"工业 4.0"、美国"增材制造路线图"，以及"欧洲增材制造战略"等都视 3D 打印为未来制造业发展战略的核心。

基于上述背景，华中科技大学出版社希望由我组织全国相关单位撰写"3D 打印前沿技术丛书"。由于 3D 打印是一种集机械、计算机、数控和材料等于一体的新型先进制造技术，涉及学科众多，因此，为了确保丛书的质量和前沿性，特聘请卢秉恒、王华明、聂祚仁等院士作为顾问，聘请 3D 打印领域的著名专家作为编审委员会委员。

各单位相关专家经过近三年的辛勤努力，即将完成 20 余部 3D 打印相关学术著作的撰写工作，其中已有 2 部获得国家科学技术学术著作出版基金资助，多部将与爱思唯尔(Elsevier)联合出版英文版。

本丛书内容覆盖了 3D 打印的设计、软件、材料、工艺、装备及应用等全流程，集中反映了 3D 打印领域的最新研究和应用成果，可作为学校、科研院所、企业等单位有关人员的参考书，也可作为研究生、本科生、高职高专生等的参考教材。

由于本丛书的撰写单位多、涉及学科广，是一个新尝试，因此疏漏和缺陷在所难免，殷切期望同行专家和读者批评与指正！

华中科技大学教授 史玉升

2018 年 11 月

前　言

金属基复合材料兼顾高比强度、高韧度和高耐磨性，在航空航天等领域具有巨大的应用潜力。然而，在面向复杂金属基复合材料构件的成形过程中，传统的制备与成形方法面临以下问题：①材料制备与零件成形分离，流程长，灵活度低；②复合材料界面结合困难，性能难控。

金属增材制造(additive manufacturing，AM)借助三维数字模型设计，通过软件将复杂的三维结构离散为二维平面，采用激光束、电子束等高能束将粉末材料逐层熔化堆积成形，制造出实体产品。激光选区熔化(selective laser melting，SLM)作为一种典型的金属增材制造技术，有望突破传统制造方法难成形金属基复合材料的瓶颈，成形出性能优异、结构复杂的精密构件。然而，由于激光与粉末交互作用复杂，粉末材料被激光辐照后，形成的熔池温度场和流动场有别于传统的铸造过程，其微观组织呈现出晶粒细小、元素偏析、微细裂纹等特性，宏观表现出的性能呈现出高强度、低塑性和低疲劳性等特性。面向 SLM 成形特性，作者致力于 SLM 与粉末作用机理及其工艺优化研究，在激光与粉末交互作用、材料制备、工艺优化及性能提升等方面取得创新成果。本书主要内容包括：介绍了现有增材制造(3D 打印)技术的分类，阐述了增材制造与传统制备方法的工艺差异，提出了面向几种典型金属基复合材料的 SLM 材料制备与结构成形一体化技术。此外，也展望了 SLM 成形技术的应用范围及未来研究趋势。

全书分为四章。第 1 章概述 3D 打印的技术原理、与传统加工方法的差异、优势及意义；第 2 章介绍了 SLM 制备与成形金属基复合材料；第 3 章与第 4 章阐述 SLM 成形的应用、研究现状、存在的问题与展望。

本书主要由华中科技大学宋波、文世峰、魏青松、闫春泽撰写，具体分工如下：第 1 章由宋波组织撰写，华中科技大学章媛洁参与了撰写工作；第 2 章由华中科技大学魏青松、闫春泽撰写，中国地质大学(武汉)周燕，华中科技大学蔡超、李伟、王志伟、赵晓、程灵钰、章媛洁、胡辉参与了撰写工作；第 3 章由华中科技大学文世峰撰写；第 4 章由华中科技大学宋波撰写；华中科技大学史玉升担任本书主审。王敏、张磊、张金良、范军翔、魏帅帅、阚隆鑫、张志、胡凯、姜鑫参与了校对工作。

由于作者水平有限，书中难免有疏漏之处，恳请广大读者批评、指正。

著　者

2020 年 8 月

目　　录

第1章　绪　　论

1.1　金属基复合材料

金属材料被广泛应用于航空、航天、国防、船舶、建筑等领域。随着科技水平的不断发展，这些领域对材料性能的要求也更加严苛，需要材料满足高比强度、耐磨损、抗疲劳、轻量化等性能要求。针对上述要求发展出了金属基复合材料，这一新型材料在很大程度上提升了传统金属材料的性能，延长了其使用寿命，因此引起了人们广泛的关注。

1.1.1　金属基复合材料定义

金属材料通常指金属元素或以金属元素为主组成的具有金属特性的材料。广义上的金属基复合材料是指包含金属相在内的双相或多相材料。由于诸多合金材料本身就存在两相或者多相，因此两者的定义范围有所重叠，所以本书以增强相的来源来界定金属材料与金属基复合材料：金属基复合材料的增强相是由外部引入的，或者在金属内部由一种或多种独立存在的反应物原位生成；反之则认为是金属材料。

1.1.2　金属基复合材料特征

金属基复合材料通常以铁、铝、镁、铜、钛等元素及其合金作为基体，以连续的长纤维相、非连续相（短纤维、颗粒与晶须等）或叠层复合相等作为增强体。继承了传统金属材料优点的同时，金属基复合材料还有望解决传统金属材料存在的弊端。目前开发出的金属基复合材料往往拥有更优异的力学性能，或者具有能用于特定领域的特殊性能。尽管目前金属基复合材料成本普遍要高于金属材料，但随着生产技术的发展和材料成本的下降，金属基复合材料的应用将更加广泛。

1.2　传统技术制备金属基复合材料

复合材料是由金属材料、陶瓷材料或高分子材料等两种或两种以上的材料经过复合工艺制备而成的多相材料，各种材料在性能上互相取长补短，产生协同效应，使复合材料的综合性能优于原组成材料，从而满足各种不同的要求。金属基复合材料传统制备方法可分为液态制备方法和固态制备方法两种。

1.2.1 液态制备方法

液态金属制备方法是指将熔融状态下的金属与固体增强物复合在一起的方法。这一方法的关键技术是有效控制高温下的界面反应及基体的氧化反应。液态制备方法可用来直接制造复合材料零件，其工艺包括液态金属搅拌熔铸法、液态浸渗法和喷射沉积法等。

1. 液态金属搅拌熔铸法

液态金属搅拌熔铸法是一种适合于工业规模生产颗粒增强金属基复合材料的方法，该方法工艺简单，成本低廉。其基本原理是将增强颗粒直接加入基体金属熔体中，通过一定的搅拌方式使颗粒均匀地分散于金属基体中，然后浇铸成锭坯、铸件等。搅拌熔铸法需解决的主要问题有：①增强颗粒不易进入和均匀分散在金属熔体中，易产生团聚；②强烈的搅拌容易造成金属熔体的氧化和大量吸气。目前，针对以上问题的主要解决措施有：①在金属熔体中添加合金元素以改善浸润性，例如在铝熔体中加入Ga、Mg和Li等元素，可有效降低熔体表面张力，增加其与陶瓷颗粒的浸润性；②对颗粒增强物进行表面处理，如用热处理法去除颗粒表面的有害吸附物，也可在颗粒表面涂覆Ni、Cu等金属以改善浸润性；③控制复合过程的气氛，采用真空或惰性气体保护等措施来防止复合过程中气体的吸入和金属熔体的氧化；④采用有效的搅拌方法，如旋涡法、Dulacan法及复合铸造法等。

2. 液态浸渗法

液态浸渗法是先将增强相用胶黏剂黏结起来，做成预制件，再用惰性气体或机械化装置作为压力媒体将金属液压入预制件的间隙中，凝固后即形成复合材料。按具体工艺不同，液态浸渗法可分为压力浸渗法、无压浸渗法和真空浸渗法。

3. 喷射沉积法

喷射沉积法的工艺过程如下：首先将基体金属在坩埚中熔炼，然后在压力作用下通过喷嘴将材料送入雾化器。在高速惰性气体射流的作用下，液态金属被分散为细小的液滴，形成“雾化锥”。此时，通过一个或多个喷嘴向“雾化锥”喷射增强颗粒，可以使增强颗粒与金属雾化液滴一起沉积在同一基板(收集器)上并快速凝固形成颗粒增强金属基复合材料。该工艺具有独特的优点：①高致密度，可达到理论值的95%～98%；②快速凝固，冷却速度达10^3～10^6 K/s，金属晶粒和组织细化、成分均匀、很少或没有界面反应；③具有通用性和产品多样性；④工艺流程短、工序简单、效率高，有利于工业化生产。

1.2.2　固态制备方法

固态制备方法的特点是制备过程中温度较低，金属基体与增强相均处于固态，可抑制金属与增强相之间的界面反应。这类制备方法的工艺主要包括粉末冶金法、热压法等。

1. 粉末冶金法

粉末冶金法是最早用来制备金属基复合材料的一种固态制备方法，可以制备复合材料坯锭以供挤、轧制、锻压和旋压，又可以直接近终成形形状复杂的复合材料零件。

粉末冶金法适用于制备各种颗粒或晶须增强的金属基复合材料，增强相体积分数不受限制，所制得的材料性能较高。但其制备工艺复杂、成本较高，限制了复合材料的工业化、大规模生产。

2. 热压法

热压法主要用于制备纤维增强金属基复合材料。其基本原理是先将增强纤维与基体金属制成复合材料预制片，然后将预制片按设计要求裁剪成所需的形状，叠层排布，并事先按照含量的要求，在叠层时添加基体箔，将叠层放入模具内进行加热加压，最终制得复合材料或零件。热等静压法也是热压法的一种，与普通热压法相比，热等静压法采用惰性气体加热，工件在各个方向上受到均匀压力的作用。热压法工艺流程为：增强材料上铺金属箔→裁剪成形→抽真空→加热至所需温度→加压与保压→冷却取出制品并加以清理。

1.3　3D 打印技术

1.3.1　技术原理

3D 打印(3D printing)是借助三维数字模型设计，通过软件分层离散和数控成形，利用激光束、电子束等高能光束将金属粉末、陶瓷粉末、塑料等材料进行逐层堆积黏结，最终叠加成形，制造出实体产品的技术。在概念上，它与工业专业术语中的“增材制造”(additive manufacturing)同义，其原理如图 1.1 所示。

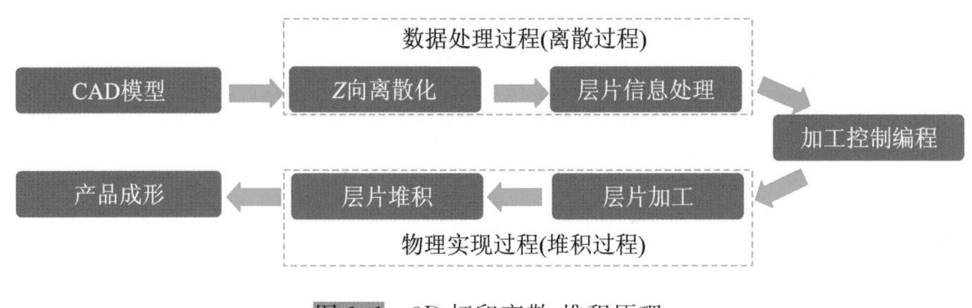

图 1.1　3D 打印离散-堆积原理

1.3.2　技术分类

1. 金属材料 3D 打印

金属零件 3D 打印的物理实现过程是:激光束/电子束等高能光束将金属粉末或丝材快速熔化、凝固,并逐层堆积,形成整个三维实体零件。主要方法包括两种,一是激光选区熔化(selective laser melting,SLM),二是激光近净成形(laster engineered net shaping,LENS)。

1)激光选区熔化

激光选区熔化的基本原理如图 1.2(a)所示:根据由相关截面参数编制的控制程序,激光束选择性地熔化基板上的金属粉末材料,一层粉末加工完成后,粉床下降一定距离,激光束再次根据程序选择性熔化部分粉末,送粉器同时再铺上一层粉末,此过程不断反复并逐步堆叠成三维金属零件(见图 1.2(b))。

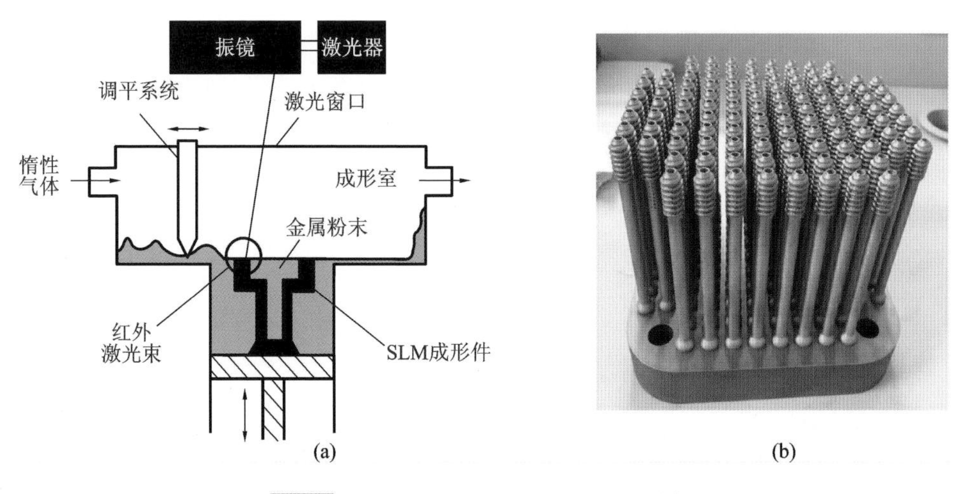

图 1.2　激光选区熔化的原理及成形零件

(a)原理图;(b)零件图

2)激光近净成形

激光近净成形技术基本原理如图1.3所示:根据截面参数生成激光扫描路径的控制代码,控制工作台的移动和激光扫描路径,采用激光熔化金属丝材或粉末进行逐层堆积,最终形成具有一定形状的三维实体模型。和激光选区熔化相比,激光近净成形不受粉床尺寸限制,可以成形大尺寸零件,但是激光近净成形精度相对较低。

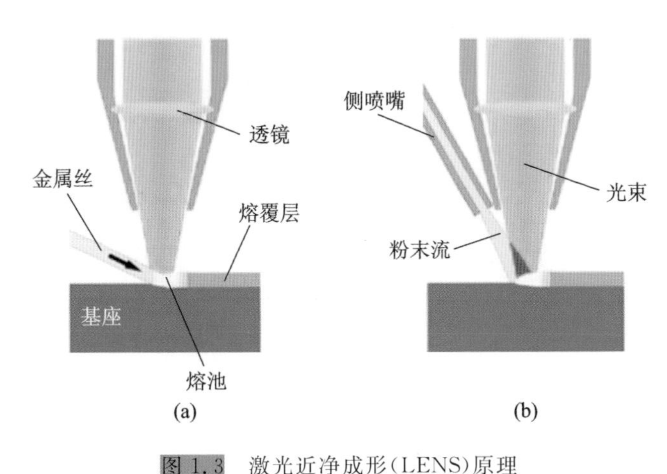

图1.3　激光近净成形(LENS)原理

(a)金属丝成形;(b)粉末成形

2. 非金属材料3D打印

非金属材料3D打印的研究开始较早,目前已经初步形成规模化的产业(例如桌面式3D打印机已较为普及),在新产品设计开发以及文化艺术创意方面具有较多的应用。其主要成形方法包括光固化成形(stereolithography apparatus,SLA)、熔融沉积成形(fused deposition modeling,FDM)、三维立体打印(3D printing,3DP)和叠层实体制造(laminated object manufacturing,LOM),各种技术工艺的成形材料与成形类型如表1.1所示。

表1.1　非金属材料增材制造技术工艺

技术工艺	主要成形材料	成形类型
光固化成形	光敏聚合物	光聚合成形
熔融沉积成形	热塑性塑料、可食用材料	挤出成形
三维立体打印	粉末材料	黏结成形
叠层实体制造	纸、塑料薄膜	层压成形

1)光固化成形

光固化成形技术是基于液态光敏树脂光固化原理(光引发聚合)的一种技术,

如图 1.4(a)所示，紫外光照射树脂槽使光引发剂由基态跃迁到激发态，然后分解成自由基或阳离子活性种，引发体系中的单体或低聚物发生聚合及交联反应，从而迅速固化，层层堆积得到成形零件，如图 1.4(b)所示。

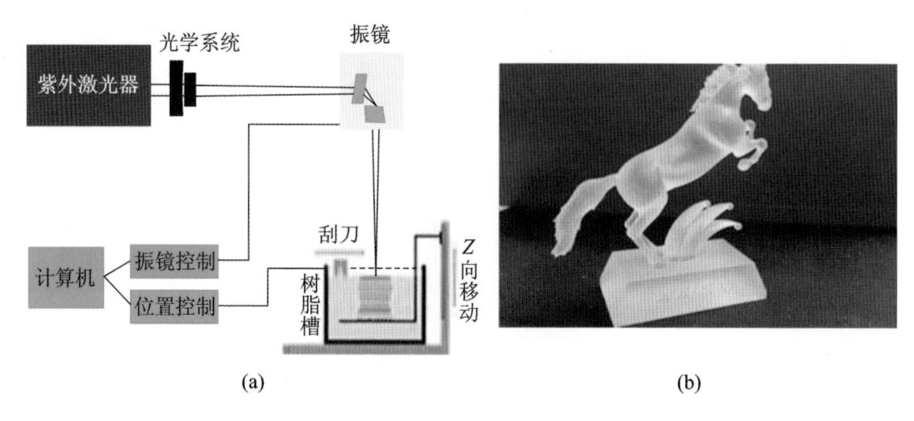

图 1.4　光固化成形

(a)原理；(b)零件

光固化树脂体系很大程度上与光固化涂料相似，由预聚物、活性稀释剂、光引发剂及少量助剂等组成。按照引发产生的活性中心不同，可以分为自由基型光固化体系、阳离子型光固化体系和自由基-阳离子混杂型光固化体系。

目前，将自由基光固化树脂与阳离子光固化树脂混合固化的研究较多。自由基聚合的诱导期短，固化收缩严重，光停止照射后反应立即停止，而阳离子聚合则刚好相反，因此将两者结合，可以通过控制比例等影响因素，获得性能优异的固化树脂。这类混合聚合的光敏树脂主要由丙烯酸酯、乙烯基醚类和环氧树脂等预聚物和单体组成。

光固化树脂体系直接影响到零件的精度、力学性能和零件的收缩变形，目前的研究主要集中在提高成形材料的性能、降低成本、进行材料改性等方面，如：①为提高制件韧度和可靠性，在树脂中加入碳化硅晶须；②开发可见光固化的光敏树脂，提升固化速度，减小对人体危害等。

2)熔融沉积成形

熔融沉积成形的原理如图 1.5 所示，将丝状的热熔性材料(ABS、PLA、蜡等)，经过送丝机构(一般为辊子)送进热熔喷嘴，在喷嘴内丝状材料被加热熔融，同时喷头沿零件层片轮廓和填充轨迹运动，并将熔融的材料挤出，使其沉积在指定的位置后凝固成形，与前一层已经成形的材料黏结，层层堆积最终形成产品模型。

桌面式 3D 打印机的打印技术大都为熔融沉积成形。由于材料丝需在喷头内加热达到熔融状态，因此熔融沉积成形的材料熔点都较低，如蜡丝或 ABS 塑料丝。

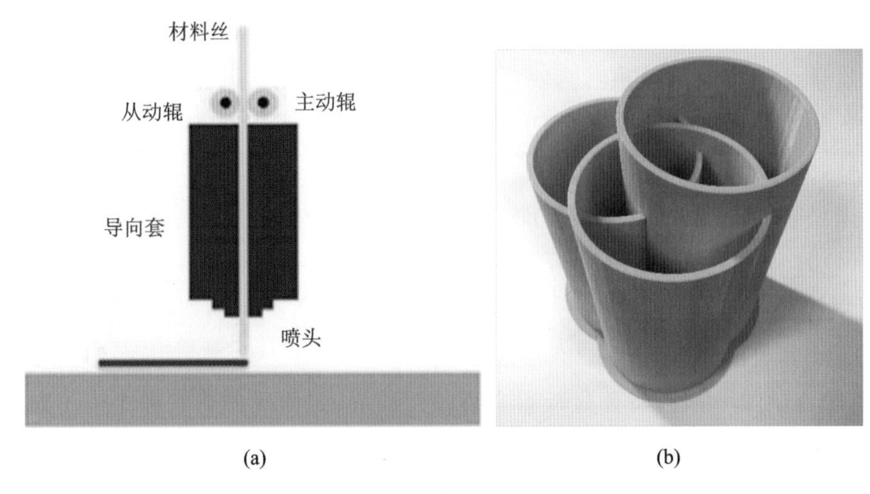

图 1.5 熔融沉积成形

(a)原理;(b)零件

这会造成成形零件的部分物理性能欠佳(如软化温度、力学强度等),因此,针对材料方面的研究主要是在改善现有材料性能的同时寻找或研发更好的材料。

此外,熔融沉积成形工艺中,熔融丝之间黏结面积、层内应力以及层间应力的变化都会对成形件的力学性能造成影响。因此应研究材料或工艺以增加丝间黏结强度,减小层内、层间的应力集中并提升其性能。

3)三维立体打印

三维立体打印的原理与喷墨打印机原理相似:主要是使从喷嘴喷射出材料微滴按一定路径逐层喷射固化堆砌,以得到三维实体的器件,如图 1.6 所示。三维立体打印的成形材料有特殊的要求,并不是由简单的粉末构成的,它包括粉末材料、与之匹配的黏结溶液以及后处理材料等。为了满足成形要求,需要综合考虑粉末及相应黏结溶液的成分和性能。其粉末材料可选择陶瓷粉末、聚合物粉末(如聚甲醛、聚乙烯)、金属氧化物粉末(如氧化铝)等作为材料的填料主体,其液体黏结剂分为本身不起黏结作用的液体、本身会与粉末反应的液体及本身有部分黏结作用的液体。研究粉末与黏结剂等之间的作用以及对材料微滴喷射的数值模拟对于改善三维立体打印成形零部件的力学性能具有较大的意义。另外,目前三维立体打印在研究制造药物缓释材料和组织工程材料方面具有深远的意义。

4)叠层实体制造

如图 1.7 所示,叠层实体造型技术利用激光等工具逐层面切割、堆积薄板材料,最终形成三维实体的技术。通过纸板、塑料板和金属板可分别制作出木纹状零件、塑料零件和金属零件,各层纸板或塑料板之间的结合常用黏结剂实现。但是,叠层实体制造制作的工件抗拉强度和弹性不够好,并且无法成形复杂的零件,

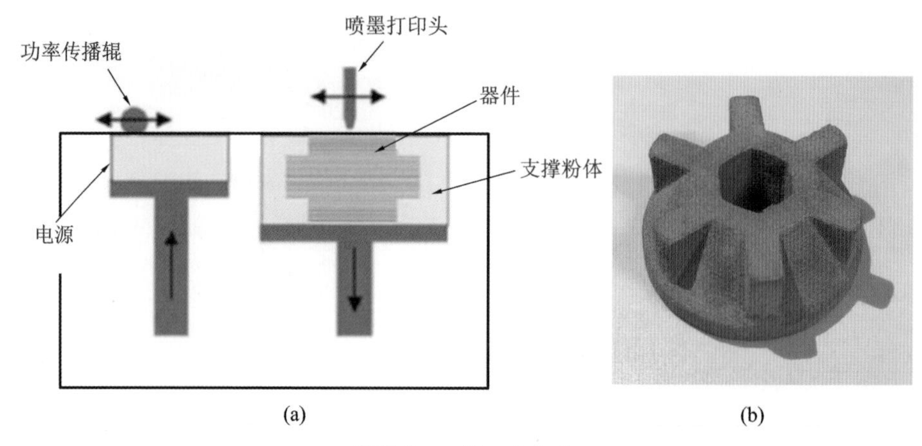

图 1.6 三维立体打印

(a)原理;(b)零件

材料范围很窄,每层厚度不可调整,精度有限,因此对其研究较少。

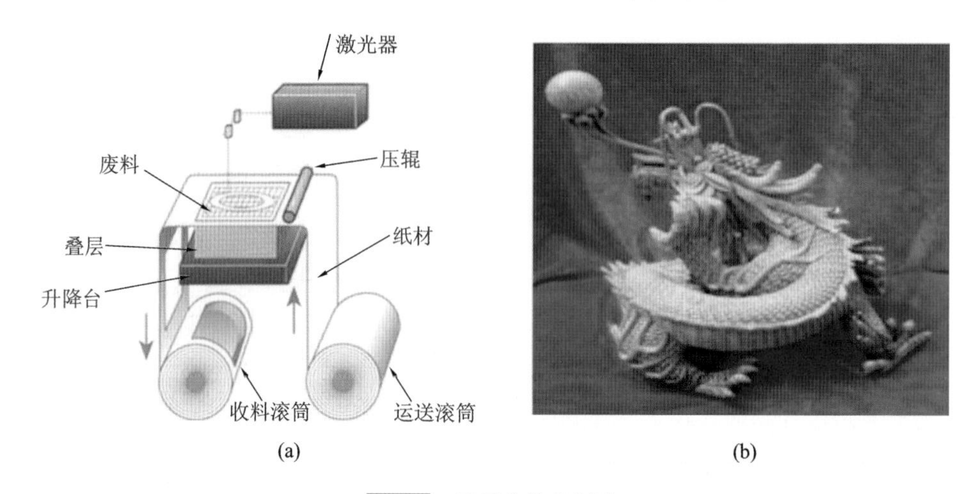

图 1.7 叠层实体的制造

(a)原理;(b)零件

1.4 SLM 和传统技术的区别

SLM 作为一种典型的金属 3D 打印技术,有望突破传统金属成形瓶颈的局限,制备结构复杂、力学性能好的打印件。从本质上来说,SLM 成形策略有别于传统铸造、锻造成形,SLM 打印件可以同时具有宏观的复杂结构与独特的微观组织。由于这些特点,SLM 技术在一些对材料要求更严苛的领域有着巨大的应用潜力。

1.4.1　成形策略

有别于传统金属成形的策略，SLM 成形技术通常采用粒径在 30 μm 左右的细粉末为原材料，根据轮廓数据利用高能量激光束逐层选择性地熔化金属粉末，通过逐层的铺粉-熔化-凝固堆积的方式，制造三维实体零件。因而 SLM 技术突破了传统制造工艺变形成形和去除成形的常规思路，可根据零件三维数模，利用金属粉末直接获得任意复杂形状的实体零件，实现“净成形”的材料加工新理念。

1.4.2　微观结构

与传统的铸造或锻造成形工艺不同的是，粉末在 SLM 激光照射下熔化时产生熔池(melt pool)。熔池有着极高的冷却速率($10^3\sim10^6$ K/s)，快冷造成的非平衡固化过程有利于晶粒细化，并有可能形成新的亚晶或非晶相。另一方面，SLM 层层扫描的策略使得 SLM 成形过程中垂直和水平方向都存在温度梯度。由于高温合金的晶粒沿热流方向生长，因此在打印几层之后晶粒取向主要是沿＜100＞方向。在熔池的周围会有大量的 C、O、Si 等原子析出，形成一些脆性相，这对 SLM 制件的力学性能有不利影响。

在 316L SS、304 SS、Ni625 等 SLM 制件表面，重叠的熔池会形成连续熔化道。在熔化道内可观察到高度取向的极细的蜂窝状和树枝状晶粒(小于 1 μm)。在 Ti6Al4V 与 Fe 等表面则观察不到熔化道，可能与 SLM 中相变、热循环与原位反应过程有关。SLM 的微观结构可以通过激光功率、扫描速度、扫描间距、层厚和扫描策略与热处理工艺等进一步调节。

1.4.3　缺陷特点

SLM 产生的缺陷特点和原理都与传统的铸造、锻造不同。SLM 制件主要缺陷包括气孔、裂纹和内应力。气孔形态包括圆形与不规则两种，其中圆形气孔主要由于熔池中的气体来不及逸出所致，不规则气孔由于不稳定的熔池形状所致。另一方面固化过程中体积收缩导致球化现象发生，球化现象也极大地影响了打印件内部的致密性。

由于 SLM 过程中垂直和水平方向都存在巨大的温度梯度，这导致冷却过程中变形不均匀，进而导致打印件内部存在内应力。而一些微缺陷处集中的内应力就会产生裂纹。当内应力释放后，裂纹停止生长，所以裂纹尺寸相对较小（小于10 μm）。

1.4.4 性能与应用

相比传统金属成形工艺，SLM制造的结构件具有微细、均匀的快速凝固组织，因而SLM打印件的屈服强度、最大拉伸强度与硬度普遍高于同种材料的锻造件。SLM可以加工一些传统方法难以成形的金属材料，包括航天领域常用的钛合金、镍合金等。这些金属的传统成形工艺往往需要极高的温度与压力，而SLM工艺则可以大大节省时间、降低成本。

另一方面，SLM制件的理论精度可以达到0.1 mm，因而可以应用在对结构精度要求较高的领域。比如利用SLM可以获得传统工艺难以完成的飞行器叶片内部的复杂冷凝管道结构。此外，在组织工程领域通过SLM可以制造传统工艺难以完成的可控多孔支架，在体内支撑组织和细胞生长。SLM成形件如图1.8至图1.10所示。

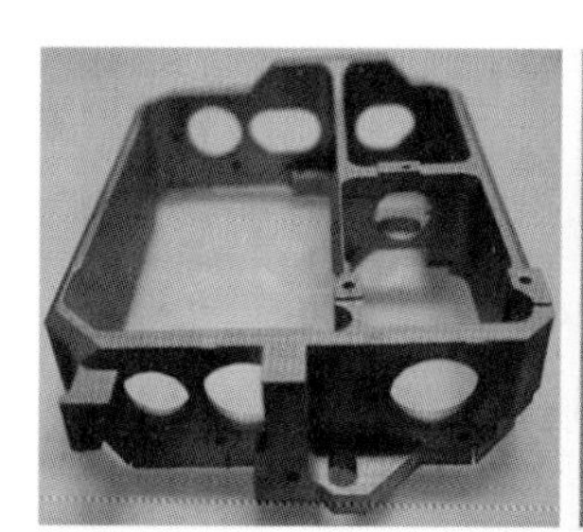

图1.8 SLM成形的零件

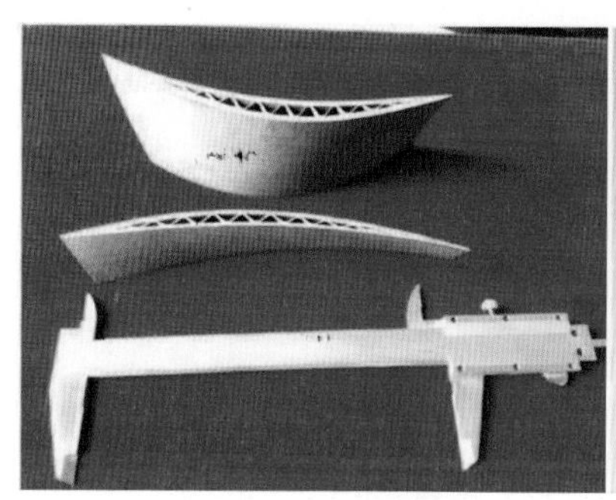
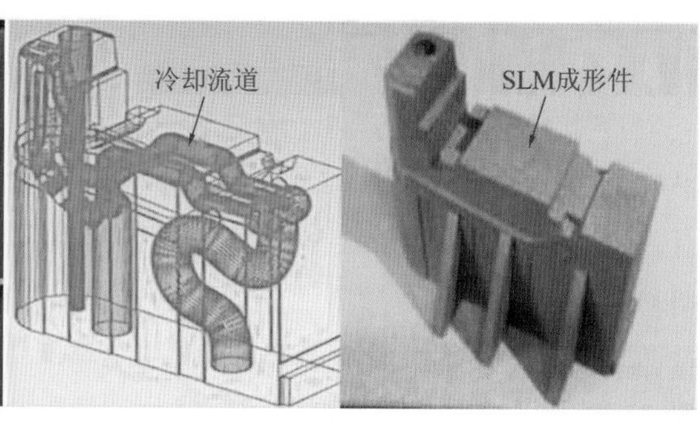

图1.9 SLM成形的具有随形冷却流道的模具

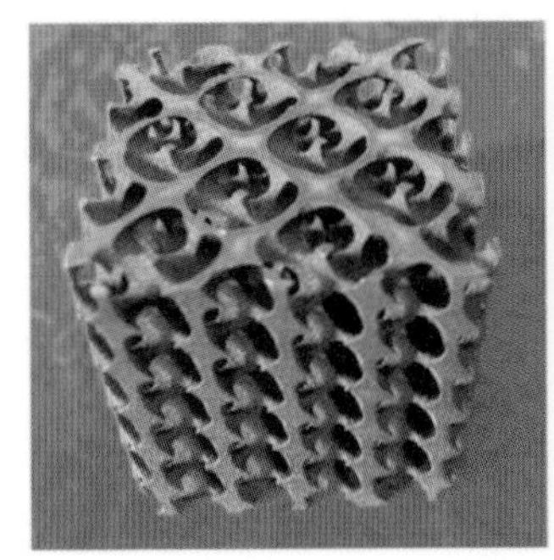
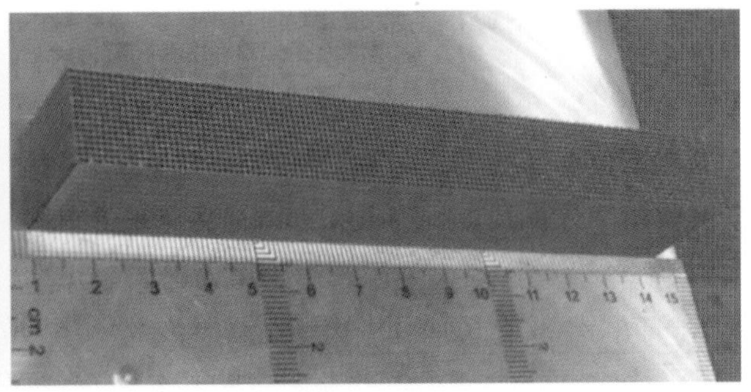

图1.10　SLM成形的316L结构件

1.5　SLM制备金属基复合材料的优势与意义

SLM技术独特的快速加热和冷却过程有利于材料显微组织细化和性能提升，采用SLM技术成形金属及其复合材料具有明显的优势和广阔的应用前景。

(1)成形过程数字化:3D打印技术与传统加工技术最主要的区别是“数字化”制造过程。所谓“数字化”指的是“CAD模型直接驱动”,计算机向打印机直接输出模型文件的数字信息。因此,3D打印技术大大降低成形形状复杂性的限制,实现模型的柔性设计。材料结构复杂性的提高,使得3D打印技术有可能应用于生物医学、材料化学等对材料精细程度要求较高的领域。通过3D打印技术,将编程、重组、连续改变的生产装备集成到一个制造系统中,在计算机控制下制造任意形状的模型,实现真正意义上的数字化制造。

(2)产品生产制造周期缩短:一个产品的生产制造包括设计过程和加工制造过程。3D打印技术在设计过程实现了“即时设计,即时打印”,在加工制造过程实现了“快速成形”。“即时设计,即时打印”得益于计算机技术和数控加工技术的集成,使3D打印技术不需工具模具的设计、制造和调整过程,这大大缩短了产品从设计到投入生产需要的时间。从CAD设计到加工成形完毕,一般耗时几小时至几十小时,即使产品尺寸较大,耗时也一般在上百小时,速度比传统成形方法快得多。因此,3D打印技术尤其适合应用于新产品的设计、开发和管理。

(3)可用材料类型丰富:3D打印技术发展迅速,可使用的材料也在不断拓展,包括工程塑料、工程蜡、树脂、陶瓷材料和金属粉末等。此外,堆积成形的加工特点,使得3D打印技术对材料的使用相比传统加工技术具有一定的优势。堆积成形通过实现在成形过程中改变材料成分实现加工具有梯度成分的材料,这是传统加工技术难以实现的。随着成形加工技术的发展,人们对产品制造的成本、加工速度以及操作难度和可靠度都提出了更高的要求。3D打印技术由于其设备便宜、运行成本低、操作简单、打印速度快、结构控制复杂度高等优势，已成为近年来快速成形行业研究的热点。

1.6 本书概要

全书分为四章。第1章概述3D打印的技术原理、与传统加工方法的差异、优势及意义；第2章介绍了SLM成形金属基复合材料的制备与材料组织性能的表征；第3章、第4章阐述SLM成形的应用、研究现状存在的问题与发展方向。

参考文献

[1] MIRACLE D B. Metal matrix composites-from science to technological significance[J]. Composites Science and Technology, 2005, 65(15-16): 2526-2540.

[2] MORTENSEN A, LIORCA J. Metal matrix composites[J]. Annual Review of Materials Research, 2010, 40: 243-270.

[3] TJONG S C, MA Z Y. Microstructural and mechanical characteristics of in situ metal matrix composites[J]. Materials Science and Engineering, 2000, 29(3-4): 49-113.

[4] BAKSHI S R, LAHIRI D, AGARWAL A. Carbon nanotube reinforced metal matrix composites—a review[J]. International Materials Reviews, 2010, 55(1): 41-64.

[5] CHAWLA N, SHEN Y L. Mechanical behavior of particle reinforced metal matrix composites[J]. Advanced Engineering Materials, 2001, 3(6): 357-370.

[6] HOFMANN D C, SUH J Y, WIEST A, et al. Designing metallic glass matrix composites with high toughness and tensile ductility[J]. Nature, 2008, 451(7182): 1085-1089.

[7] RAJAN T P D, PILLAI R M, PAI B C. Reinforcement coatings and interfaces in aluminium metal matrix composites[J]. Journal of Materials Science, 1998, 33(14): 3491-3503.

[8] KACZMAR J W, PIETRZAK K, WŁOSIŃSKI W. The production and

application of metal matrix composite materials[J]. Journal of Materials Processing Technology, 2000, 106(1-3): 58-67.

[9] SONG B, ZHAO X, LI S, et al. Differences in microstructure and properties between selective laser melting and traditional manufacturing for fabrication of metal parts: A review[J]. Frontiers of Mechanical Engineering, 2015, 10(2): 111-125.

[10] MAN C, DONG C F, LIU T T, et al. The enhancement of microstructure on the passive and pitting behaviors of selective laser melting 316L SS in simulated body fluid[J]. Applied Surface Science, 2019, 467: 193-205.

[11] GUAN K, WANG Z M, GAO M, et al. Effects of processing parameters on tensile properties of selective laser melted 304 stainless steel[J]. Materials & Design, 2013, 50: 581-586.

[12] ZHAO Z Y, BAI P K, GUAN R G, et al. Simulation of the temperature field during the selective laser melting (SLM) of a Ni-based alloy powder onto a steel plate[J]. Lasers in Engineering (Old City Publishing), 2018, 41(1-3):187-203.

[13] HAN C, WANG Q, SONG B, et al. Microstructure and property evolutions of titanium/nano-hydroxyapatite composites in-situ prepared by selective laser melting[J]. Journal of the Mechanical Behavior of Biomedical Materials, 2017, 71: 85-94.

[14] SONG B, DONG S J, DENG S H, et al. Microstructure and tensile properties of iron parts fabricated by selective laser melting[J]. Optics & Laser Technology, 2014, 56: 451-460.

第2章 激光选区熔化制备金属基复合材料

金属基复合材料因具有优异的力学性能(高比强度、高硬度等),近些年来受到越来越多的关注,金属基纳米复合材料逐渐成为研究重点。金属基纳米复合材料的主要特征是基体晶粒间分布着的纳米增强相颗粒,其具有更优异的力学性能和物理化学特性。然而,成形金属基纳米复合材料存在两个难题:一是在加热凝固过程中很难保持增强相颗粒的纳米结构,传统的合成技术如高温烧结、热压等有很大的局限性,比如受热时间长晶粒会过度生长,从而不能保持纳米颗粒的初始结构;二是纳米颗粒一般具有很大的比表面积,且容易团聚等,在成形件的基体中很难均匀分布。为了克服上述的成形难题,有必要采用一种新的手段来制备金属基纳米复合材料。

SLM 在熔融原料和制件几何形状方面有很大的灵活性,对于传统方法难以加工的复杂结构零件,SLM 具有很大的潜力。目前已有报道关于 SLM 成形制备 Al-Si-Mg/SiC, Al50TiSi10, WC/Co, TiN/Ti5Si3, TiC/Ti-Al 和 316L/HA 等复合材料。本章分别介绍铁基、钛基、铝基等金属基复合材料的 SLM 制备技术。

2.1 铁基复合材料

2.1.1 SiC/Fe 复合材料

在本研究中,通过 SLM 技术成功制备出了几乎致密的纳米/微米级 SiC 增强铁基复合材料,并使用扫描电镜(scanning electron microscope, SEM)、X 射线衍射(X-ray diffraction, XRD)和透射电镜(transmission electron microscope, TEM)来研究成形件的表面形貌、相组成和微观组织。可以发现,在加入 SiC 颗粒之后,液相前沿消失了,并且在表面能看见一些小颗粒,这是由于局部熔池不稳定性和黏度改变造成的;同时铁的晶体结构发生了改变。另外,SiC/Fe 复合材料的衍射峰发生了宽化,峰强大幅度降低,其他峰如(200)也消失了,伴随着相变产物的生成，组织结构也得到了改善。此外，在组织中除了保留的微米和纳米级的 SiC 颗粒外，还出现了纳米铁晶粒和非晶铁。拉伸结果显示，SLM 制备的 SiC/Fe 复合材料拉伸件性能远高于纯铁试样的（拉伸强度为 302±11 MPa），其极限拉伸强度达 764±15 MPa。

XRD 分析结果（见图 2.1）显示，在 SLM 制备的 SiC/Fe 复合材料组织中存在 Fe_3C（铁素体），根据如下公式，用衍射峰(110)来计算晶格常数：

$$2d_{\mathrm{hkl}}\sin\theta = n\lambda \tag{2-1}$$

$$a = d_{\mathrm{hkl}}\sqrt{h^2+l^2+k^2} \tag{2-2}$$

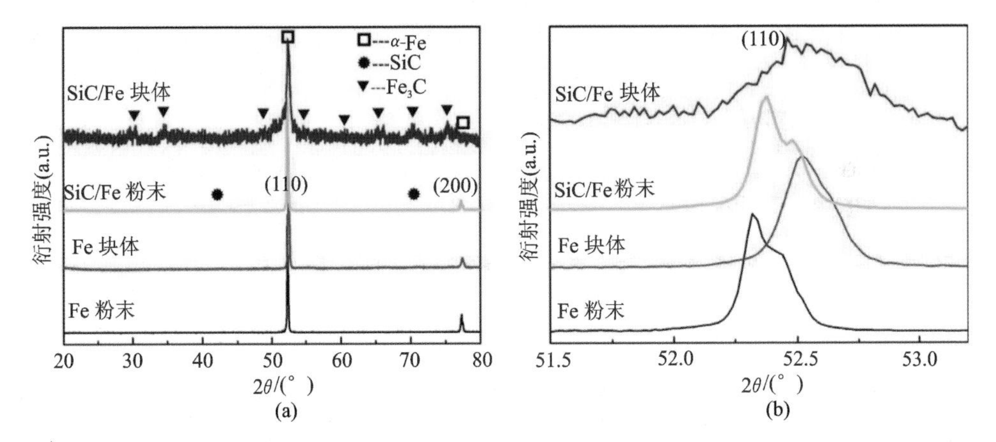

图 2.1 纯 Fe 和 SiC/Fe 复合材料粉末和块体的 XRD 图谱

(a)Fe 和 SiC/Fe 粉末和块体 XRD 图谱；(b)(110)峰局部放大图

根据计算结果，Fe 粉、Fe 块体和 SiC/Fe 块体的晶格常数分别为 0.2869 nm、0.2858 nm 和 0.2864 nm，对应 XRD 检测范围内的 α-Fe(bcc Fe)，其中存在的 Fe_3C 会导致珠光体的形成。

另外，SiC/Fe 复合材料的衍射峰发生了宽化，强度和信噪比却大大减弱了，其他峰如(200)峰也消失了，这表明在加入微米/纳米 SiC 后，bcc-Fe 呈现一种无序的状态，在 SiC/Fe 块体中存在非晶铁和细小的晶粒。仔细观察 SiC/Fe 的 XRD 图谱发现，在(110)衍射峰的附近存在一些小峰，这说明在 SiC/Fe 复合材料组织中存在马氏体，因为马氏体和 α-Fe 具有相似的晶格常数。SLM 成形过程具有快速冷却的特征，且 SiC 发生分解，因此存在马氏体是合理的。

采用阿基米德方法测得 SLM 制备的 Fe 块体的密度为 7.74 g/cm^3，SiC/Fe 复合材料的密度为 7.74 g/cm^3，都接近于铁材料的密度（7.80 g/cm^3），加入 SiC（体积比为 2.2%）会降低 Fe 基体的密度，因为 SiC 的密度（3.4 g/cm^3）相对较低，而且只添加了少量 SiC，所以对最终的密度影响不大。

从图 2.2(a)中可以观察到，Fe 粉末已经完全熔化，并形成了规则的液相前沿，得到了比较光滑和致密的表面，说明熔化道之间结合得很好。在相同的 SLM 实验条件下，在加入 SiC 颗粒之后，除了表面有一些黏附粉末外，明显的液相前沿消失了，如图 2.2(b)所示，所以添加 SiC 是表面形貌变化的主要因素。液相前沿的消失归因于熔池动态黏度的增加，且因为 SiC 颗粒很难熔化，弥散分布在熔池中的 SiC 颗粒会阻碍金属液的流动，低流速的 SiC/Fe 金属液很难形成液相前沿。

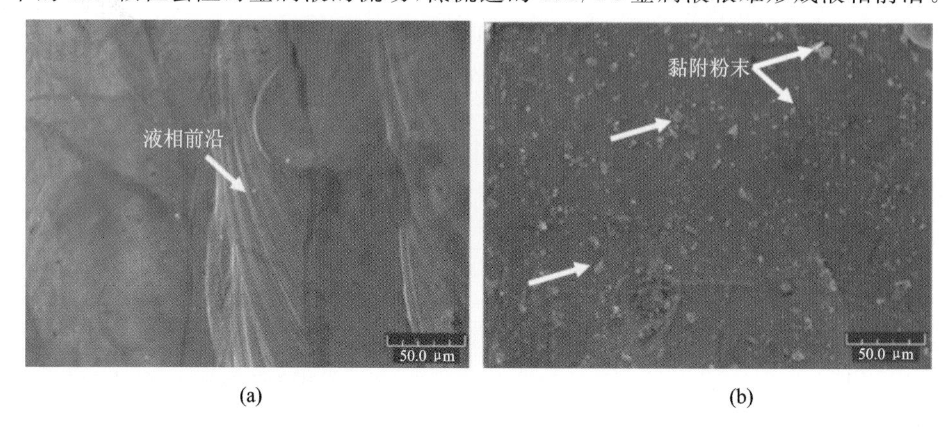

图 2.2　SLM 制件典型表面形貌的 SEM 图

(a)Fe；(b)SiC/Fe

图 2.3 所示为 SiC/Fe 复合材料从不同方向观察到的典型微观组织，显示了 SiC 增强颗粒的分布情况和金相组织，从图 2.3(a)及能谱图(b)中可以看出，在整个基体中 SiC 颗粒分布非常均匀；另外，在 SLM 制备的复合材料中，SiC 增强相颗粒的结构也发生了变化，由原始的多边形变成了圆形(见图 2.3(d))。统计结果显示 SiC 在 Fe 基体中的体积分数为(1.6±0.1)%，低于初始复合粉末中 SiC 的含量，并且 SiC 颗粒的平均粒径只有 78 nm，这也证实了在 SLM 成形过程中生成了纳米 SiC 颗粒。

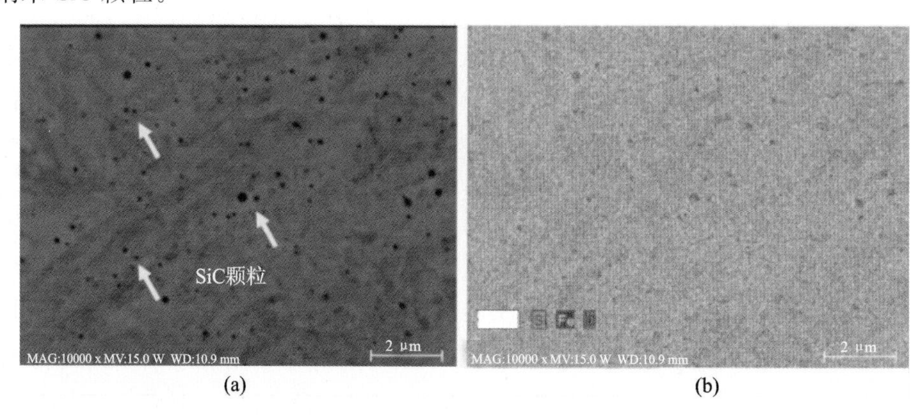

图 2.3　不同方向 SEM 图中 SiC 增强颗粒在 Fe 基体中的分布情况

(a)*X-Z* 面；(b)图(a)的能谱图；(c)*X-Y* 面；(d)高倍 SiC 颗粒在 Fe 基体中的形貌

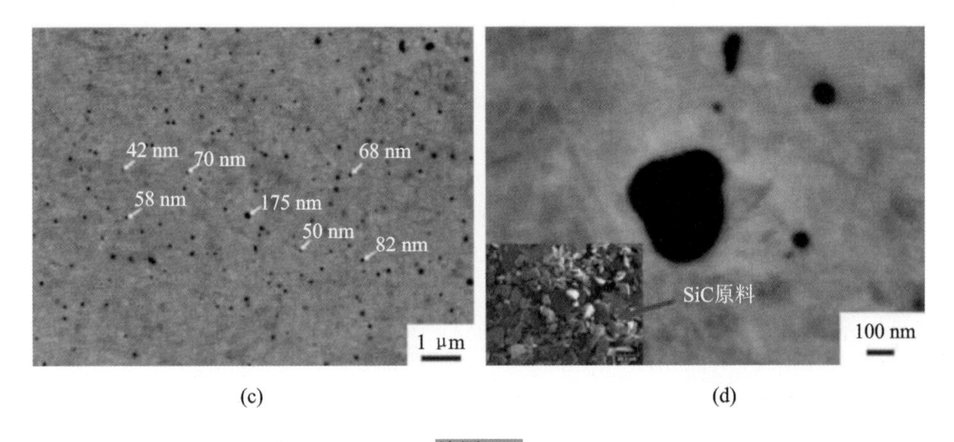

(c)　　(d)

续图 2.3

图 2.4 所示为 SLM 制备的 SiC/Fe 试样的 TEM 图和对应的选区电子衍射(selective area diffraction,SAD)图,可以看出组织中存在亚微米级 Fe 晶粒、亚微米和纳米级 SiC 颗粒。亚微米和纳米级 SiC 颗粒的生成是初始微米级 SiC 颗粒发生分解的结果,细小 Fe 晶粒的形成是由于在纳米 SiC 颗粒附近发生了择优形核。

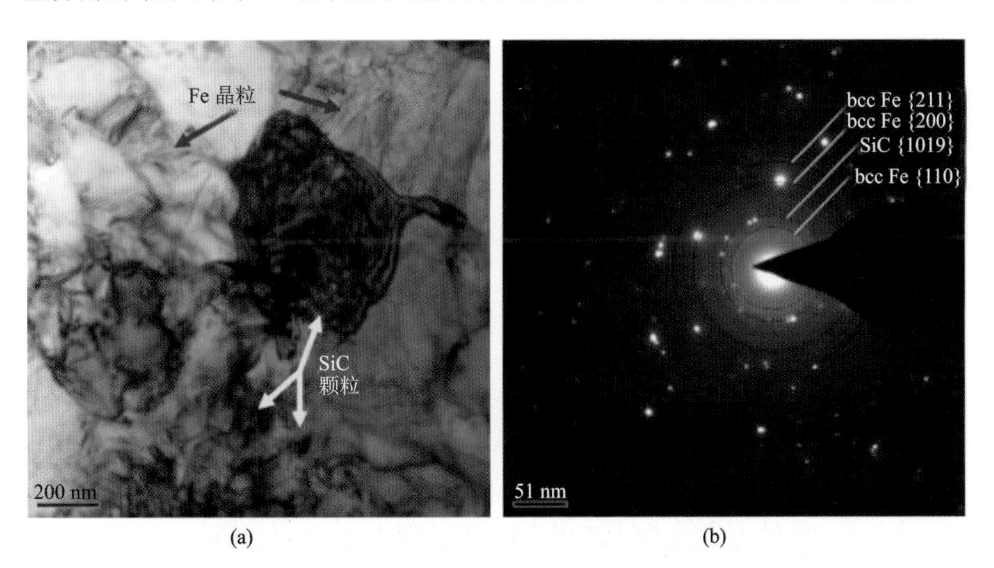

(a)　　(b)

图 2.4　SLM 制备的 SiC/Fe 复合材料的 TEM 图与 SAD 图

(a)前侧面的 TEM 图;(b)对应的 SAD 图

对两种试样的拉伸性能进行了对比,所得应力-应变曲线如图 2.5 所示,从图中可以观察到三个明显的变形阶段。第一个阶段为典型的塑性变形,到 120±10 MPa时,SiC/Fe 和 Fe 拉伸试样几乎没有差别;到了第二个变形阶段,SiC/Fe 复合材料与纯 Fe 试样表现出了很明显的区别,纯 Fe 试样在应变达到 9%后应力很难达到 357±22 MPa,而 SiC/Fe 拉伸试样在 5%应变时,其应力从 357±

22 MPa急剧攀升到 600±13 MPa 以上，这种硬化可能跟 SiC 颗粒产生的位错钉扎有关；到第三个变形阶段时，纯 Fe 试样已经拉断，而 SiC/Fe 试样还在发生应变强化，不过强化速率低于第二个阶段，最终极限拉伸强度达到了 764±15 MPa。最后两个阶段的存在，归因于双峰晶粒尺寸的 SiC 增强相。总之，强化是直接强化和间接强化共同作用的结果，直接强化是基于载荷由基体向更硬的强化颗粒(SiC)传递的机理；间接强化是由强化颗粒引起基体组织发生变化而造成的。

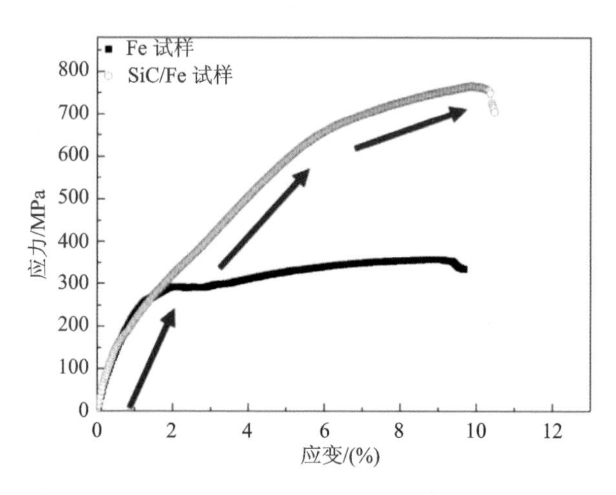

图 2.5　SLM 制备的 SiC/Fe 和 Fe 拉伸试样的应力-应变曲线

图 2.6 所示为 SiC/Fe 和 Fe 拉伸试样拉断后的断口形貌，可以看出有塑性变形的特征，因此判断为韧性断裂。并且在 Fe 基体中除了弥散 SiC 颗粒的脆性断裂外，还存在很均匀的韧窝。这种拉伸行为与纯 Fe 试样的混合破坏模式有很大的不同。

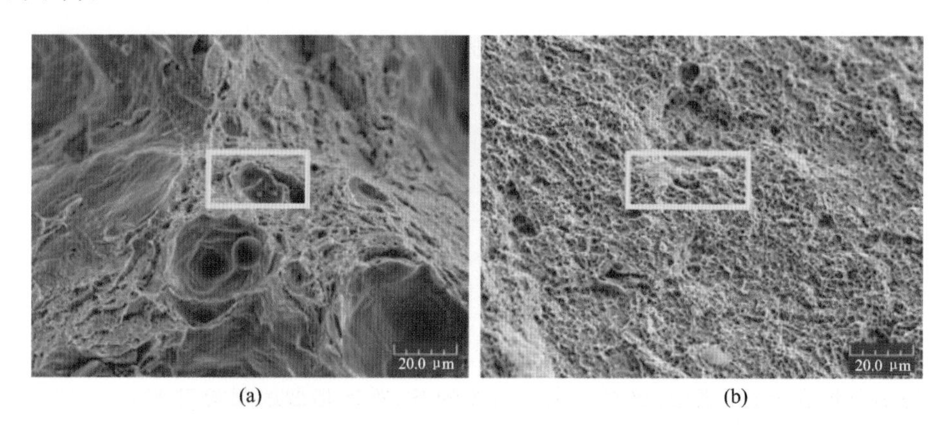

图 2.6　SLM 成形拉伸试样的断口形貌

(a)Fe；(b)SiC/Fe；(c)图(a)局部放大图；(d)图(b)局部放大图

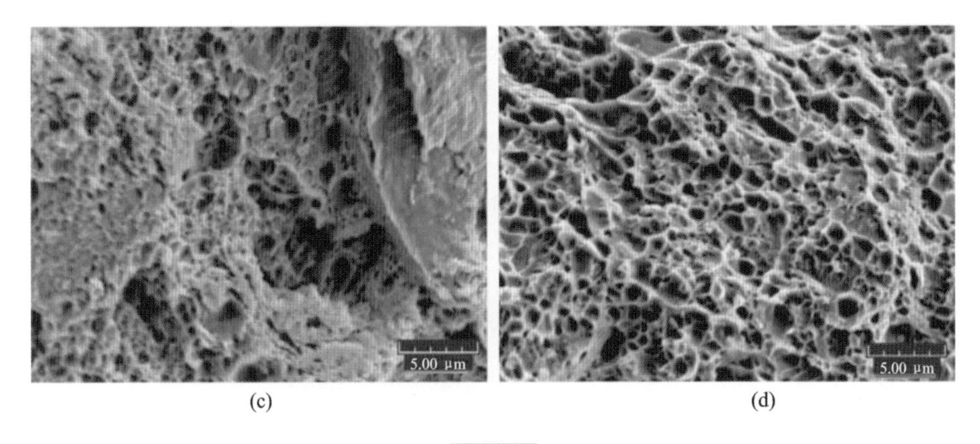

(c)　(d)

续图 2.6

SLM 制备的 SiC/Fe 复合材料高强度机理如下。

①保留下来的增强相本身产生的强化。在 SiC/Fe 体系中不会产生润湿的问题，由于保留下来的 SiC 颗粒具有较低的剪切模量，因此它承担的载荷有助于强度性能的提升。

②基体强化。成形过程中有相变产物（马氏体和珠光体）的生成，这些相变产物具有高的强度和硬度，组织结构的改善能够抵消颗粒发生分解所产生的不足。

③晶粒细化和部分非晶强化。SiC 颗粒能阻止晶粒的生长，根据 Hall-Petch 公式，细晶复合材料结构应该具有超高的强度。

④SiC 颗粒产生的位错钉扎。微米 SiC 分解会生成纳米 SiC 颗粒，在晶界上的纳米 SiC 颗粒形成位错钉扎，这也有助于 SiC/Fe 拉伸试样强度的提升。

2.1.2　Cr_3C_2/Fe 复合材料

本试验中使用纯 Fe 粉（D_{50}＝29.7 μm）和 2.5％（体积分数）的纳米 Cr_3C_2（D_{50}＝131 nm）粉末作为原始粉末，如图 2.7(a)、(b)所示，并通过机械球磨的方法将两种粉末混合，具体球磨参数为：球料比 5∶1，转速 150 r/min，球磨时间 2 h。图2.7(c)、(d)所示为复合粉末的形貌，从图中可以发现，球磨之后 Fe 粉仍保持球状，具有很好的流动性，而且两种粉末混合均匀，在机械混合作用下纳米 Cr_3C_2 粉末均匀分散在 Fe 粉表面，这都有利于后续的 SLM 成形及组织均匀化。

图 2.8 显示了不同激光体积能量密度下成形的 Cr_3C_2/Fe 复合材料的典型抛光表面，可以看出，在一定激光体积能量密度值范围内，随着能量密度的降低，复合材料的孔隙率呈增大趋势。当能量密度 E＝ 55 J/mm^{3}时，如图 2.8(a)所示，试

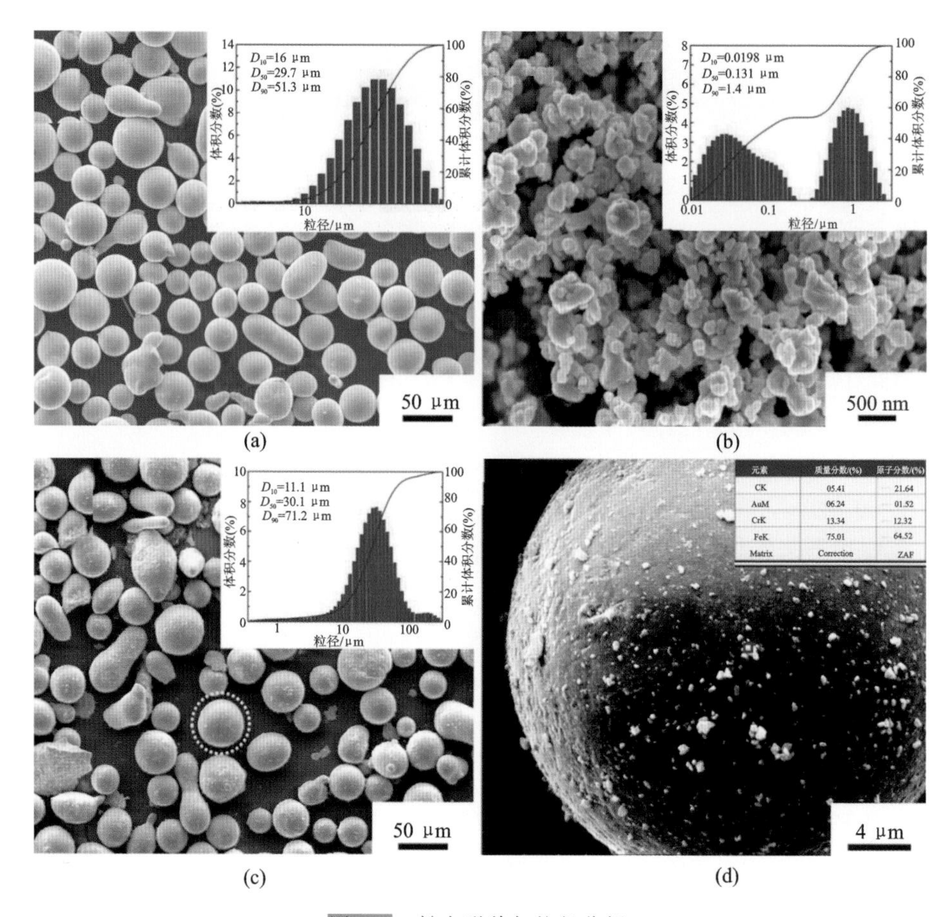

图 2.7 粉末形貌与粒径分析

(a) 纯 Fe 粉末；(b) 纳米 Cr_3C_2 粉末；(c) Cr_3C_2/Fe 复合粉末；

(d) 图(c)中黄色区域内球状粉末表面颗粒的元素组成

样表面有少量球形孔隙，尺寸小于 100 μm，此时孔隙率为 3.98%；当能量密度降低至 37 J/mm^{3}时，如图 2.8(b)所示，孔隙的尺寸有所增大，形状也变得不规则，此时孔隙率为 9.99%；继续降低能量密度至 27 J/mm^3，如图 2.8(c)所示，不规则孔隙数量和尺寸明显增大，孔隙率也高达 13.74%。激光能量密度较低时，熔池的凝固时间相应较短，可能会导致一些孔隙得不到及时充填，从而产生不规则孔隙；另外，激光能量密度较低时，熔池的宽度也会变小，造成熔池搭接率不足，这也会促使不规则孔隙的形成。而造成球形孔隙的原因主要有以下几点：①初始粉末中存在气孔，成形过程中粉末熔化后，气体释放出来；②高温金属液蒸发产生气体；③Fe 和 Cr_3C_2 在成形过程中发生化学冶金反应，产生气体，如果这些气体残留在材料内部，而未及时排出，就会产生球形气孔。

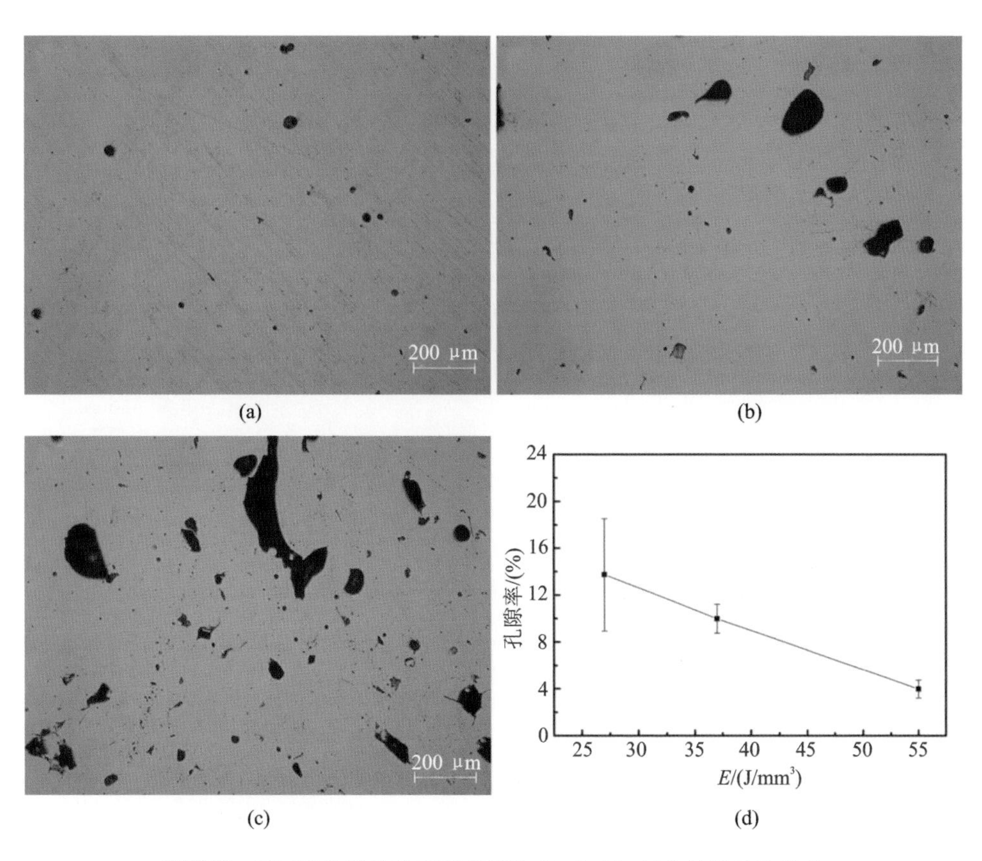

(a)　(b)　(c)　(d)

图 2.8　不同激光能量密度下成形的 Cr_3C_2/Fe 复合材料的孔隙率

(a) 55 J/mm³；(b) 37 J/mm³；(c) 27 J/mm³；(d)孔隙率与能量密度的关系

图 2.9 所示为不同激光能量密度下成形试样在扫描电镜下的微观组织。可以发现，激光能量密度不同，成形出的复合材料也呈现出不同的微观组织：随着激光体积能量密度的降低，熔池的宽度随之变窄，在成形过程中，激光能量密度越低，代表激光扫描速度越快，熔池的加热和冷却速度越快，从而造成熔池宽度变窄；同时熔池内部晶粒组成也发生了变化，激光能量密度较低时，如图 2.9(f)所示，熔池内部晶粒主要为等轴晶，平均晶粒尺寸小于 1 μm；当激光能量密度增大至 37 J/mm³ 时，连续的网状结构发生了断裂，表明晶粒的组成类型发生了变化，部分晶粒由等轴晶变成了柱状树枝晶；继续增大激光能量密度至 55 J/mm³ 后，网状结构进一步破裂，更多的等轴晶被柱状树枝晶所取代。组织结构的变化也影响着复合材料的力学性能，因为网状结构的主要组织为碳化物，本身具有很高的硬度，但是强度较低，以连续形式存在时，会将基体晶粒分割开，从而降低复合材料的强度，因此连续网状结构的破裂对复合材料性能的提升有很大的帮助。

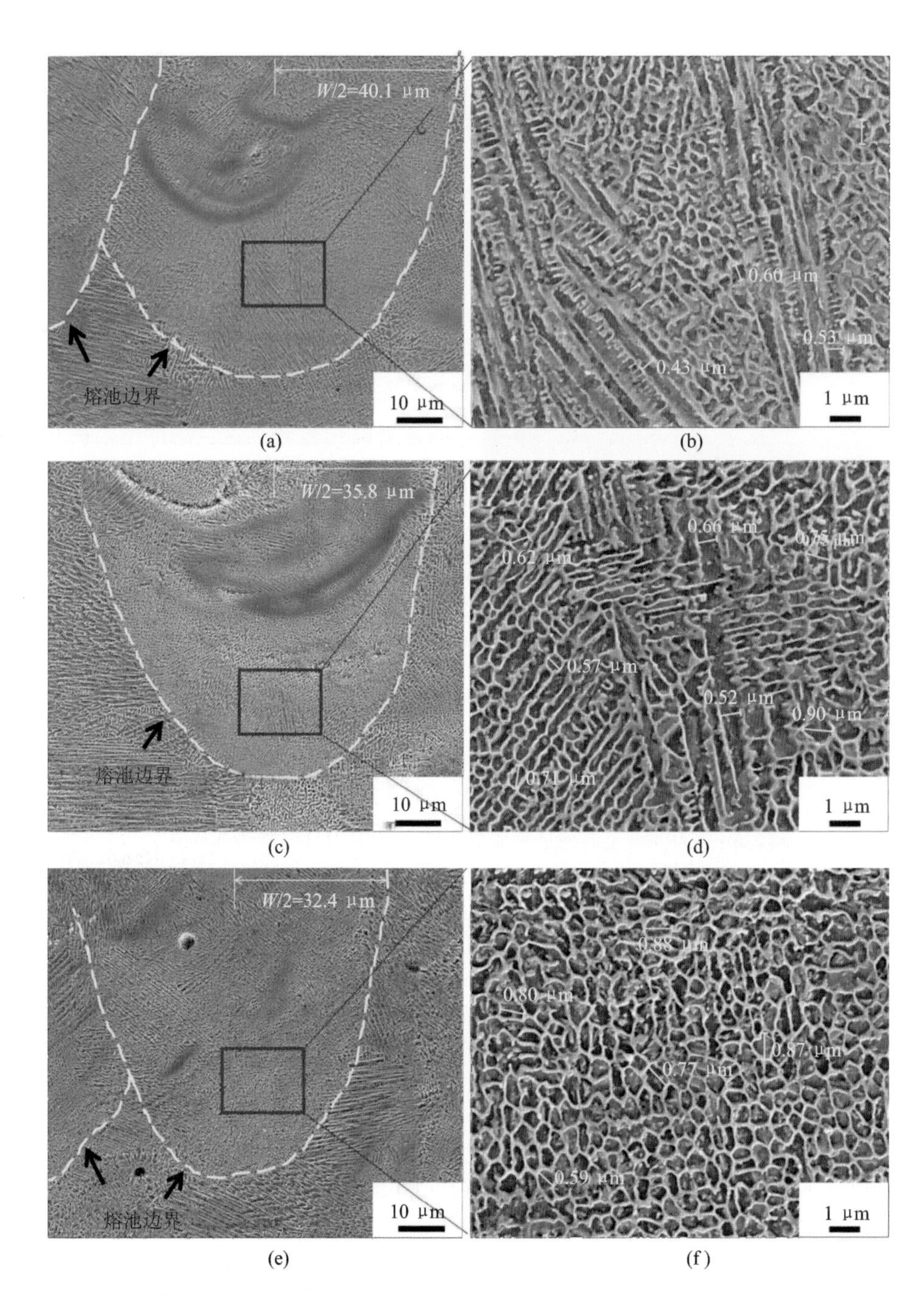

图 2.9　不同激光能量密度下成形的 Cr_3C_2/Fe 复合材料的 SEM 微观组织

(a)(b) 55 J/mm^3；(c)(d) 37 J/mm^3；(e)(f) 27 J/mm^3

为了进一步分析复合材料的增强机理，对该试样（$E=55\ \mathrm{J/mm^3}$）进行了透射电镜表征。在明场图（见图 2.10(a)）中，可以观察到在基体中分布着大量以连续或非连续形式存在的碳化物，碳化物按尺寸可以分为粗大碳化物（大于 100 nm）和细小碳化物（0～100 nm），对图 2.10(a)中粗大碳化物附近进行放大可以发现在其四周存在非常细小的（α-Fe，Cr）固溶体，这说明了碳化物的析出可以有效阻止基体晶粒的长大，起到细化晶粒的效果，从而提高复合材料的强度；图 2.10(c)为图 2.10(b)的选区电子衍射图谱，通过分析也可证实复合材料中主要存在两种相（α-Fe，Cr）固溶体和 $M_{23}C_6$；从图 2.10(d)中可以发现在（α-Fe，Cr）固溶体和 $M_{23}C_6$ 之间生成了一个非常薄的界面层，界面层的存在能够显著提高两相的结合强度；在图2.10(e)、(f)中，能够观察到分布在晶界上的连续碳化物和弥散在基体中的碳化物颗粒，晶界处碳化物具有一定阻碍裂纹扩展的作用，而弥散分布的碳化物能够大大提高复合材料的硬度，并提高其耐磨性能。

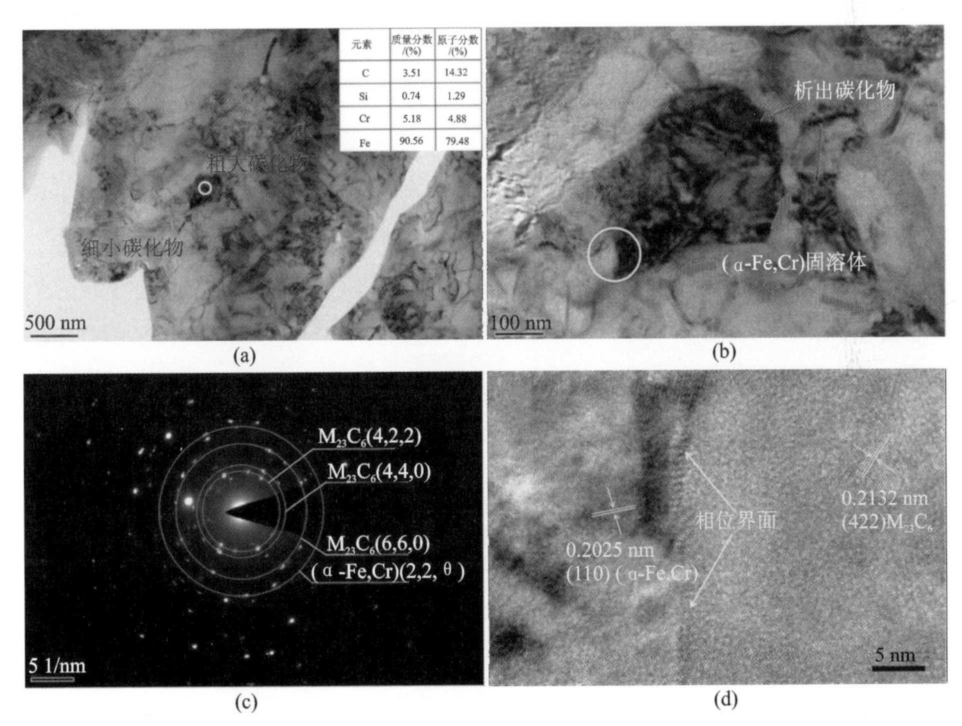

图 2.10 Cr_3C_2/Fe 复合材料（$E=55\ \mathrm{J/mm^3}$）的 TEM 图

(a)分布在基体中的粗大碳化物和细小碳化物；(b)图(a)黄色区域放大图；

(c)图(b)的选区电子衍射图；(d)图(b)所选区域的高分辨图；

(e)分布在晶界上的碳化物；(f)弥散分布在基体中的碳化物

(e) (f)

续图 2.10

图 2.11 所示为不同激光体积能量密度下成形试样的硬度值,可以看出,不同能量密度成形出的试样在微观组织上虽然有所差别,但是在硬度性能上比较接近,三组试样的平均硬度分别为 452±18 HV、509±11 HV、479±12 HV,明显高于激光选区熔化成形的纯铁制件的硬度(小于 160 HV)。硬度性能大幅提高主要有以下两个原因:①在高激光能量作用下,Cr_3C_2 发生分解,与纯 Fe 发生了化学冶金反应,生成了 $M_{23}C_6$ 型碳化物,这种碳化物本身硬度高达 1650 HV,因此能够大幅提高复合材料的硬度;②Cr 原子置换了基体中的 Fe 原子,生成了(α-Fe,Cr)固溶体,Cr 原子附近产生晶格畸变,阻碍位错滑移变形,使材料强度、硬度提高。

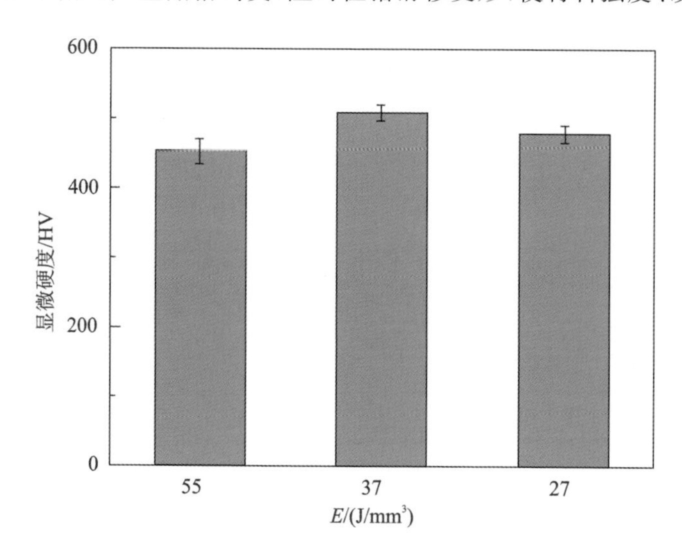

图 2.11 不同激光能量密度成形的 Cr_3C_2/Fe 复合材料的硬度值

从图 2.12 中可以看出,不同的激光能量密度对 Cr_3C_2/Fe 复合材料的拉伸性能也有很大的影响。在较低能量密度(E=27 J/mm^3)下,复合材料的延伸率为 0.91%,极限拉伸强度只有 546 MPa;当激光能量密度增大至 E=27 J/mm^3后,延伸率略微增加，达到 1.04%，拉伸强度明显提高，达到 968 MPa；继续增大激光能量密度至 55 J/mm^3，延伸率达到 2.08%，极限拉伸强度达到 1158 MPa，相对于 E = 27 J/mm^3 条件下成形的复合材料，延伸率和极限拉伸强度都有了成倍的提升。不同激光体积能量密度下成形的 Cr_3C_2/Fe 复合材料拉伸性能跟复合材料的孔隙率有密切的关系，在较低激光能量密度下，制件的孔隙率高，孔隙尺寸大且形状不规则，由于孔隙的边缘处存在较大的应力集中，在拉伸过程中，这些地方会优先产生微裂纹，从而加速了拉伸件的断裂；随着激光能量密度的增加，拉伸件的孔隙率降低，因此在拉伸时，能够减缓微裂纹的产生，使得拉伸性能明显增强。

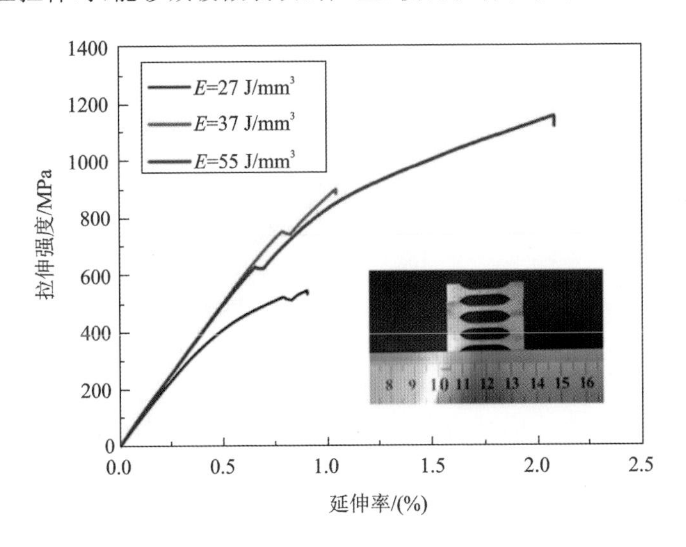

图 2.12　不同激光能量密度下成形的 Cr_3C_2/Fe 复合材料的应力-应变曲线

通过观察不同激光能量密度下拉伸件的断口形貌可知，该复合材料断裂都呈脆性断裂，而且断裂一般起源于孔隙处，并以扇形方式延展开来。对比不同激光能量密度下拉伸件的断口形貌放大图发现，具体的断裂方式存在着很大区别，当激光能量密度为 55 J/mm^3 时，如图 2.13(b)所示，拉伸件的断裂方式主要为穿晶断裂，并伴有少量的沿晶断裂；降低激光能量密度至 37 J/mm^3 时，穿晶断裂区域有所减少，被沿晶断裂方式所取代；继续降低激光能量密度至 27 J/mm^3 时，断裂方式主要为沿晶断裂。由此可见，微观组织决定了材料的拉伸性能。激光能量密度为 27 J/mm^3 时，熔池内部网状结构连续，分布在晶界上的网状结构碳化物会大大降低晶界的结合强度，因而在拉伸过程中，材料更容易在晶界处断裂，造成断裂方式以沿晶断裂为主。

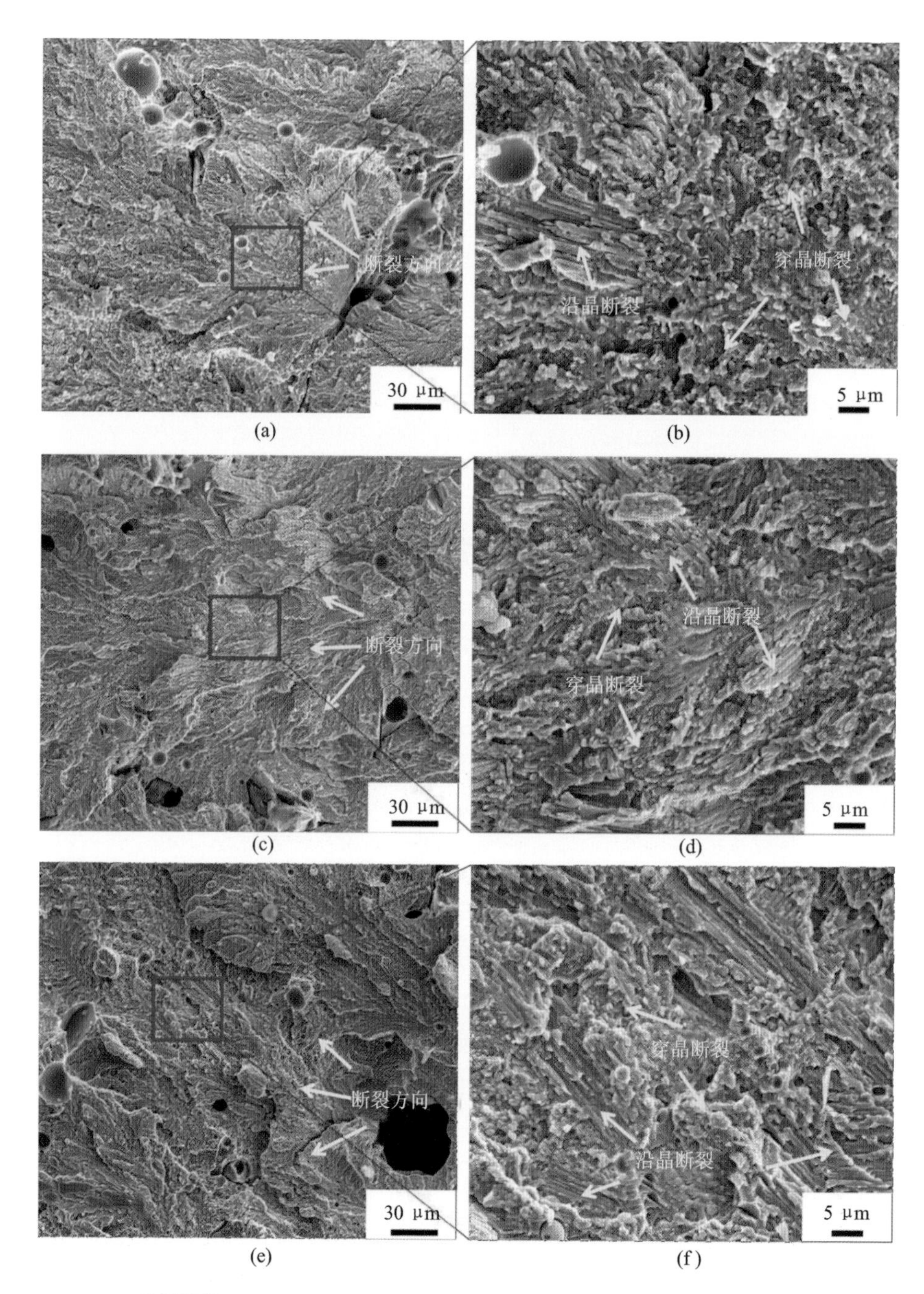

图 2.13 不同激光能量密度下成形 Cr_3C_2/Fe 复合材料的拉伸断口

(a)(b) 55 J/mm^3;(c)(d) 37 J/mm^3;(e)(f) 27 J/mm^3

2.1.3　TiN/AISI 420 不锈钢复合材料

本试验选用的金属基体材料为 420 不锈钢粉末，由长沙骅骝冶金粉末有限公司生产，制造工艺为氩气雾化。该粉末形貌如图 2.14(a)所示，具有较窄的粒径范围(5～70 μm)，平均粒径为 20 μm。选用的陶瓷增强颗粒为微米级 TiN 粉末，由中诺新材(北京)科技有限公司提供，名义粒径小于 2 μm，如图 2.14(b)所示，TiN 颗粒呈不规则形状，由微米级的大尺寸颗粒和亚微米级的小颗粒共同组成。

图 2.14　原始粉末形貌

(a) 420 不锈钢粉末；(b)TiN 粉末

将原始的 420 不锈钢粉末和 TiN 粉末按照质量比 99∶1、97∶3 和 95∶5 三种比例混合，将混合的三种粉末先后置于球磨机(QM-3SP4 型行星式球磨机，南京南大仪器厂)中进行高能球磨，使不锈钢粉末和陶瓷增强体均匀混合。在保证两种粉末均匀混合的同时，需要使制备的混合粉末具有较好的流动性，具体的球磨工艺参数设置如下：球料质量比为 10∶1，选用转速为 160 r/min，球磨时间为 4 h。根据 TiN 添加量的不同，将制备的混合粉末分别命名为 P1、P2 和 P3。

图 2.15 所示为 420 不锈钢和 TiN 混合粉末的低倍形貌。可以看出采用上述球磨工艺制备的三种粉末仍保持球形或近球形，TiN 粉末的加入和高能球磨并未使不锈钢颗粒发生明显的塑性变形和破碎，因此粉末的流动性不会大幅下降，保证了 SLM 过程中的铺粉效果。

图 2.16 所示为 420 不锈钢和 TiN 混合粉末的高倍形貌。如图 2.16(a)所示，混合粉末中可以清晰地分辨出微米级 TiN 颗粒和不锈钢粉末颗粒，由于球磨时间和转速的限制，微米级 TiN 颗粒并未完全被碾碎为亚微米或纳米级颗粒，微米级的 TiN 颗粒粒径小于 5 μm，为不规则形状。从图 2.16(b)～(d)可以看出亚微米和纳米级 TiN 颗粒在不锈钢粉末颗粒表面的分布情况。TiN 颗粒如图 2.16(b)～(d)中黑色箭头所指，随着 TiN 粉末添加量的增加，黏附在 420 不锈钢粉末颗粒

表面的 TiN 颗粒明显增多。

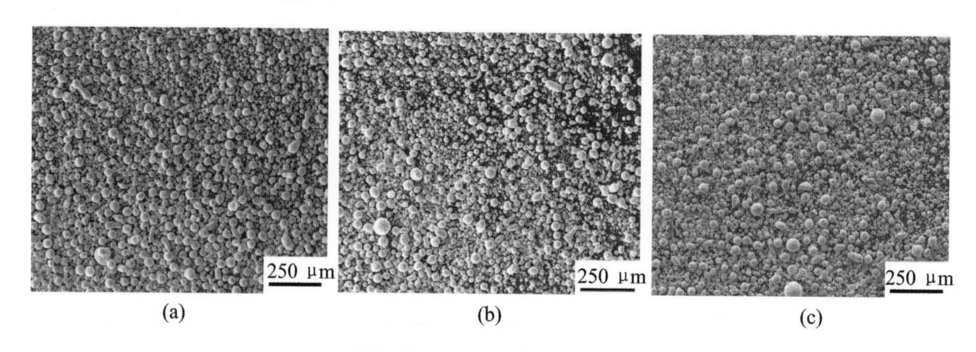

图 2.15　混合粉末低倍形貌

(a) P1;(b) P2;(c) P3

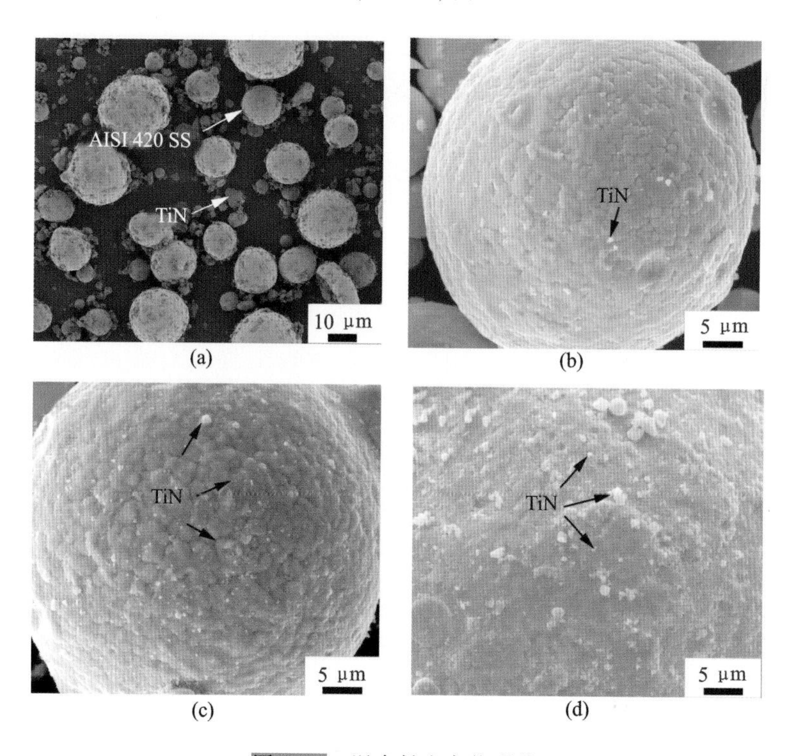

图 2.16　混合粉末高倍形貌

(a)(c) P2;(b) P1;(d) P3

图 2.17 所示为 420 不锈钢和 TiN 粉末的能谱分析图，由于使用能谱测量轻元素时误差较大，因此采用对比 Ti 元素的分布的方法来确定 TiN 颗粒的粉末情况。其中图 2.17(a)、(b)所示为混合粉末 P1 的点能谱测试结果，而图 2.17(c)、(d)和图 2.17(e)、(f)分别为混合粉末 P2 和混合粉末 P3 的点能谱测试结果。从图中可以看出白色颗粒物处 Ti、N 元素含量相比于其他深色区域明显高出许多，

可以判断白色颗粒为 TiN 颗粒。由于 420 不锈钢和 TiN 材料导电性差异很大，因此在扫描电镜下两者存在明显的衬度差异，其中白色颗粒处为 TiN，而灰色区域为 420 不锈钢。从图中可以看出，不锈钢粉末颗粒表面黏附着微米级和纳米级的 TiN 颗粒。同时可以看到随着初始 TiN 颗粒添加量的增加，不锈钢颗粒表面测量的 Ti 元素的峰值明显升高，说明了随着 TiN 添加量的增加，混合粉末中纳米 TiN 颗粒在不锈钢表面的分布更加均匀。

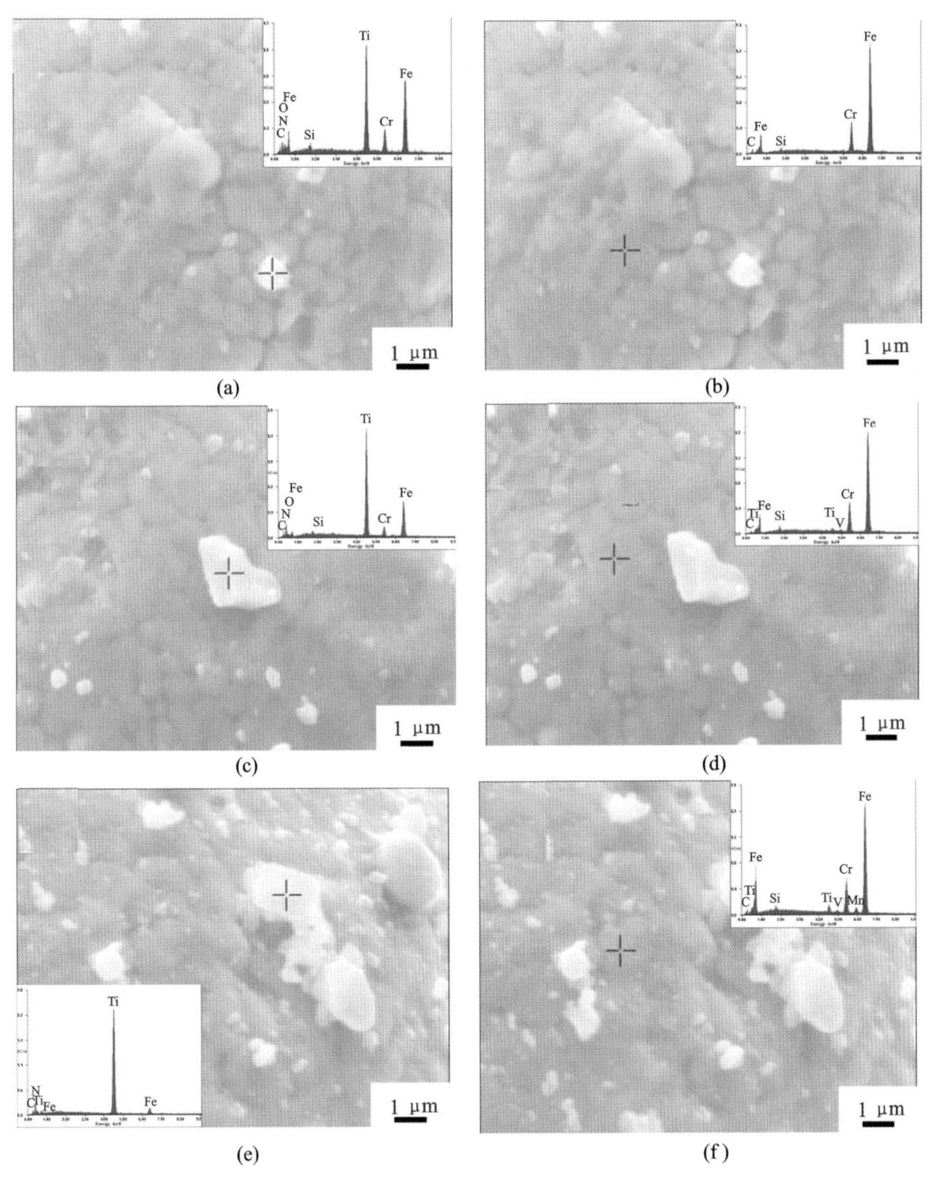

图 2.17　混合粉末能谱

(a)(b) P1;(c)(d) P2;(e)(f) P3

对原始不锈钢粉末和混合粉末进行 XRD 测试，扫描角度 $2\theta=30°\sim100°$，扫描速度为 5°/min，结果如图 2.18 所示。420 不锈钢原始粉末中检测出 Fe-Cr 相和 CrFe7C0.45 相，而在混合粉末中仅增加了 TiN 相的峰位，未发现其他新物质的明显的峰值，证实在混合粉末制备过程中两种粉末并未反应生成新的相。随着初始 TiN 含量的增加，测出的 TiN 峰越明显。

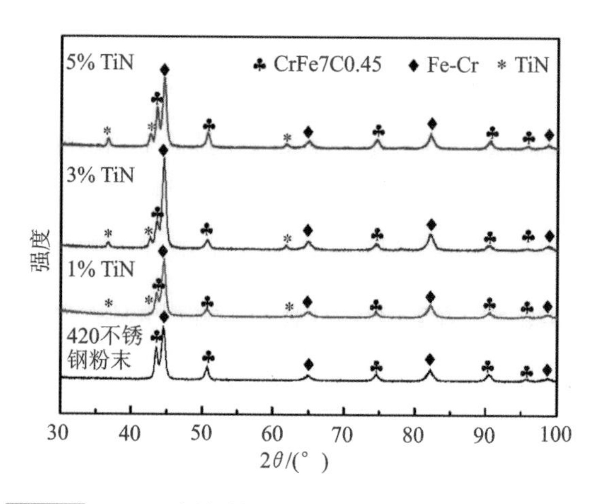

图 2.18　420 不锈钢粉末和 TiN 混合粉末的 XRD 图谱

1. TiN 添加量对复合材料试样致密度的影响

图 2.19(a)～(c)所示为 SLM 成形的 420 不锈钢/TiN 复合材料试样的水平截面 SEM 图片。从图中可以看出三种添加了不同含量 TiN 的成形件致密度较低，存在较多的孔隙缺陷。按照孔隙的形貌特征，可以将这些缺陷分为两类：大尺寸不规则孔(large pore)和狭长链状孔(porc chain)。其中，大尺寸不规则孔隙尺寸在 50 μm 以上，并且在成形件中的分布没有明显的规律，此类缺陷常见于 SLM 熔化不足的成形件中；狭长链状孔为由一系列窄而长的小孔造成的孔链，孔链的方向与激光扫描的方向平行(见图 2.19(a))，分布在熔化道边缘附近。在使用粉末 P1 制造的复合材料试样中可以观察到大量的链状孔，而在使用粉末 P2 和 P3 制造的复合材料试样中缺陷主要为不规则孔(见图 2.19(b)和(c))，并且随着原材料中 TiN 颗粒的增多，粉末熔化和润湿效果变差，从而出现了更多不规则的孔隙。从图2.19(c)右上角的放大图中可以看到大量的 TiN 颗粒聚集在孔隙缺陷附近，少部分颗粒与金属基体结合紧密。图 2.19(d)为 SLM 成形的复合材料试样的致密度，含 1%TiN 的成形件的致密度为 95.5%，含 3%TiN 的成形件的致密度降低为 81.8%，当 TiN 含量升高至 5%时，致密度降低为 66.5%。致密度下降的趋势与电镜所观察到的一致，同时该结果远远低于未添加 TiN 颗粒的成形件。

图 2.20 所示为 SLM 制造的复合材料试样(使用粉末 P2)缺陷处的高倍 SEM

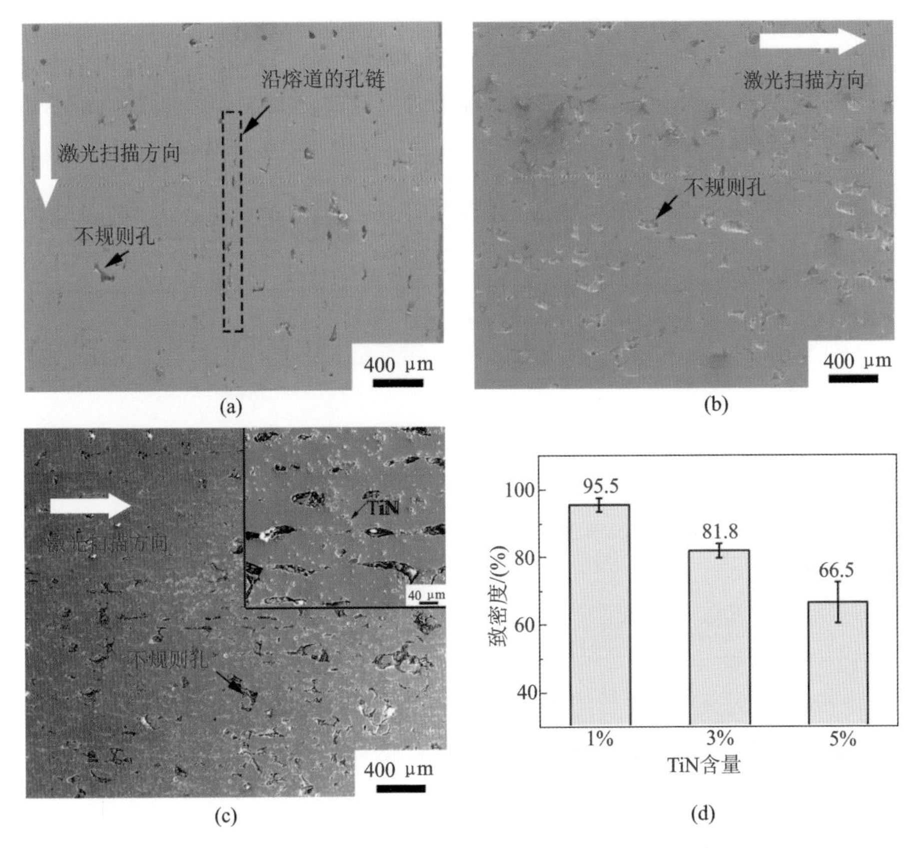

图2.19　SLM成形的420 SS/TiN复合材料试样的水平截面SEM图片

(a) P1;(b) P2;(c) P3;(d)复合材料试样的致密度

图片。从图2.20(a)中可以看到大尺寸孔具有不规则的形貌,并且在孔隙内可以找到未熔化的微小金属球和部分熔化的尺寸较大的金属粉末颗粒。当使用优化的SLM成形工艺参数制造420不锈钢时,金属粉末颗粒可以完全熔化,并且成形件接近全致密。3D打印中不锈钢粉末对光纤激光的吸收率大概为0.6,粉末颗粒表面的TiN颗粒降低了混合粉末对激光的吸收率,因此添加TiN颗粒后粉末颗粒熔化不充分,形成了不规则孔隙缺陷。随着TiN的增加,原始粉末材料对激光吸收率逐渐减小,使用相同的SLM成形工艺参数时,被吸收并用于熔化粉末材料的激光能量变少。因此,一些不锈钢颗粒未吸收足够的能量,出现了部分熔化甚至未熔化的现象,从而造成了大尺寸不规则孔隙。对链状孔处进行EDS线扫描,可以观察到元素波动趋势。从图2.20(b)中可以看到Ti元素在链状孔边缘急剧增加,说明了TiN颗粒聚集在孔隙边缘。图2.21所示为三种TiN含量成形件链状孔处的EDS线扫描结果,当TiN含量增加时,链状孔确实有所增加,同时宽度和长度也增加。

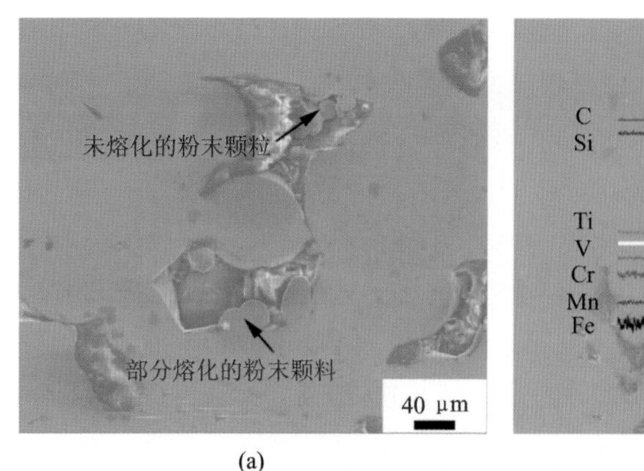

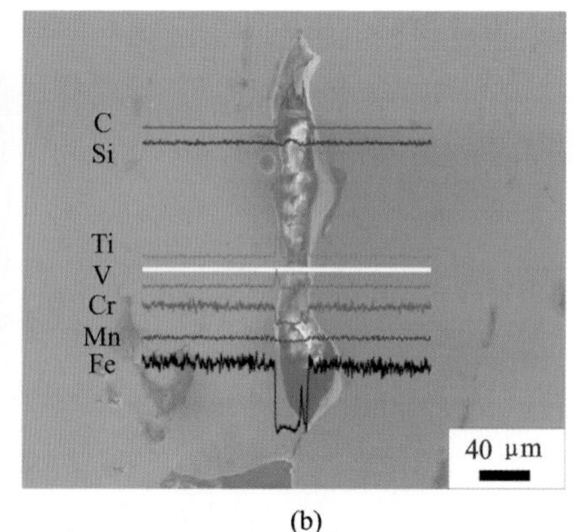

(a) (b)

图 2.20 缺陷处的高倍 SEM 图片

(a)不规则孔;(b)链状孔(使用 P2 制备的试样)

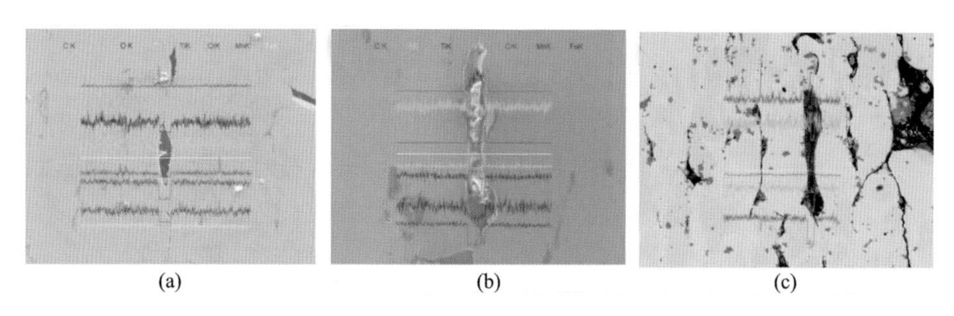

(a) (b) (c)

图 2.21 复合成形件 EDS 线扫描结果

(a) P1;(b) P2;(c) P3

金属/陶瓷界面的结合是成形金属基复合材料的关键问题之一,根据陶瓷与金属基体的润湿是否发生化学反应,金属/陶瓷界面分为反应界面系统和非反应界面系统。TiN 颗粒与不锈钢熔体的润湿属于非反应界面系统。非反应界面系统具有极快的润湿动力学,并且润湿角和附着功受温度影响较弱。金属/陶瓷界面的附着功 W 通常是两相界面之间各种影响的总和,可用下式表示:

$$W = W_{\text{equil}} + W_{\text{non-equil}} \tag{2-3}$$

式中:$W_{\text{non-equil}}$ 为当金属/陶瓷界面间发生化学反应对附着功的非平衡影响;W_{equil} 表示排除化学反应后对界面附着功的平衡影响。

非反应界面系统的附着功明显小于反应界面系统的附着功。例如,Ti/TiB_2 粉末通过 SLM 可以成形出致密化的零件,Ti 与 TiB_2 反应增加了 Ti 基体与反应产物 TiB 界面润湿程度和界面强度。与之相比 TiN 与不锈钢熔体之间附着功较小,两者之间润湿情况较差,同时由于温度的升高对界面附着功提升有限,因此 SLM 微熔池内的高温熔体也很难改善两者界面润湿情况,实现全致密零件的制造。另外,SLM 成形工艺是一种无压力的成形方法,不能提升复合材料成形过程中的致密化程度。最终，TiN 陶瓷与不锈钢熔体之间较差的润湿情况造成了链状孔缺陷，限制了复合材料中 TiN 含量的继续增加。

2. TiN 添加量对复合材料相组成和硬度的影响

图 2.22(a)为粉末 P3 及 SLM 成形的复合材料试样的 XRD 图谱，粉末和成形件测试出 Fe-Cr、CrFe7C0.45 和 TiN 三个峰位，SLM 成形过程中并未产生新的物相，说明了成形过程中未发生原位反应。因此观察已有相的变化，将粉末在 40°～55°的区域放大和原始 420 不锈钢粉末做对比，发现峰值位置没有偏移，但是 CrFe7C0.45 和 TiN 峰强相对原始粉末减弱很多，Fe-Cr 峰强相对原始粉末有所增强，证明 SLM 制造的复合材料试样中 Fe-Cr 相含量增加，主要是因为 SLM 过程中极高的冷却速度造成高温 Fe-Cr 组织遗传。推测 TiN 可能在成形过程中发生固溶现象，导致 TiN 峰值下降。图 2.22(b)为不同含量 TiN 粉末制造的复合材料试样 XRD 图谱。随着 TiN 含量的增加，检测到的 TiN 的峰值增强。当初始粉末中的 TiN 添加量为 1%时，SLM 制造的复合材料试样基本看不到明显的 TiN 峰位。

如图 2.22(c)所示，含有 1% TiN 成形件的硬度最大，为 492 HV3，含有 3% TiN 成形件的硬度降为 384 HV3，含有 5% TiN 成形件的硬度为297 HV3，仅为最大硬度试样的 60%。从试样的表面形貌分析可知，当 TiN 含量增加时，孔隙裂纹等缺陷增加，必然使得硬度降低。与 TiN 颗粒的增强效果相比，成形件致密度的下降是决定复合材料维氏硬度的首要因素。由于维氏硬度计的测量要求，探头不能在裂纹孔隙处打点，因此，测得的维氏硬度不能够很好地反映复合材料的实际性能，故采用洛氏硬度计再次测量试样的硬度，结果如图2.22(d)所示。结果依然是含有 1% TiN 成形件的硬度最大，为 47.6 HRC，含有 3% TiN 成形件的硬度降为 36.04 HRC，含有 5% TiN 成形件的硬度只有 20.6 HRC，仅为最大硬度试样的 43%。与微观硬度相比，成形缺陷对试样宏观硬度影响更为明显。此外可以看出使用 P1 粉末制造的复合材料试样虽然致密度只有95.5%，但硬度达到 SLM 成形全致密 420 不锈钢的 45～55 HRC 的范围，说明 TiN 颗粒确实对金属基体存在强化作用。

3. 激光功率对复合材料表面形貌与致密度的影响

图 2.23 所示为 SLM 成形的 1% TiN 复合材料试样的表面形貌。如图 2.23(a)所示，其中，激光功率为 140 W 时制造的试样表面明显有很多较大的孔隙和球化缺陷，几乎看不到连续的熔化道，表面凹凸不平、表面粗糙度较大。当激光功率增大至 160 W 时，如图 2.23(b)所示，成形件表面的熔化道逐渐清晰可见，说明至少需要 160 W 的成形功率才能够形成较为良好的熔化道，但是，在熔化道上

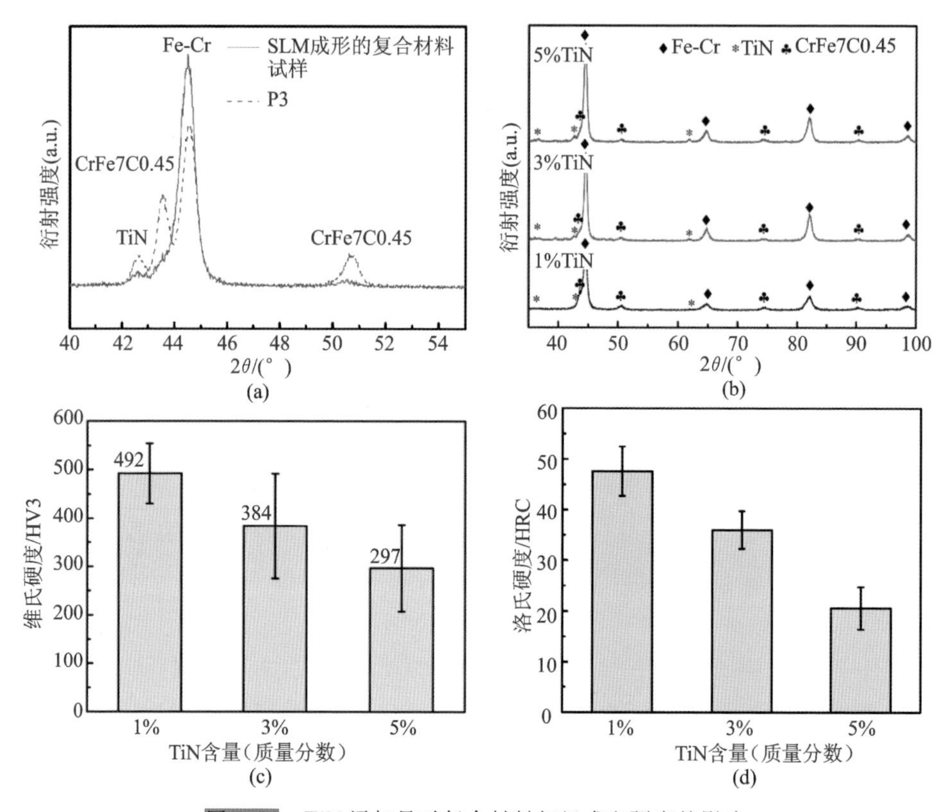

图 2.22　TiN 添加量对复合材料相组成和硬度的影响

(a) 粉末 P3 及 SLM 制造的复合材料试样 XRD 图谱；

(b) 使用不同粉末制造的复合材料试样的 XRD 图谱；

(c) 复合材料试样的维氏硬度；(d) 复合材料试样的洛氏硬度

依然有较少量的球化现象，且熔化道局部下陷，使得表面不太平整。当激光功率为 180 W 时，试样球化现象进一步减少(见图 2.23(c))，当激光功率进一步增加至 200 W 时，可以看到由于能量过大，成形件表面变色，主要是由不锈钢中生成的 Cr 元素氧化物导致的(见图 2.23(d))。

图 2.24 所示为放大 500 倍的试样表面形貌。由于激光功率为 140 W 时，在低倍下观察成形件没有连续的熔化道，故在高倍下仅观察高功率成形复合材料试样的熔化道形貌。图中可以十分清晰地看到一条紧挨着一条的熔化道，熔化道表面非常清晰。其中功率为 160 W 和 200 W 的成形试样表面有杂质附着，而功率为 180 W 的试样表面比较干净，无黑色附着物。激光功率为 200 W 时，成形试样表面可以看到小尺寸球化，主要是过大的激光能量造成熔体飞溅形成的。

图 2.25 所示为不同激光功率成形的复合材料试样的致密度。当激光功率为 140 W时，制造的复合材料试样致密度仅为 92.2 %，当激光功率继续增加到 160

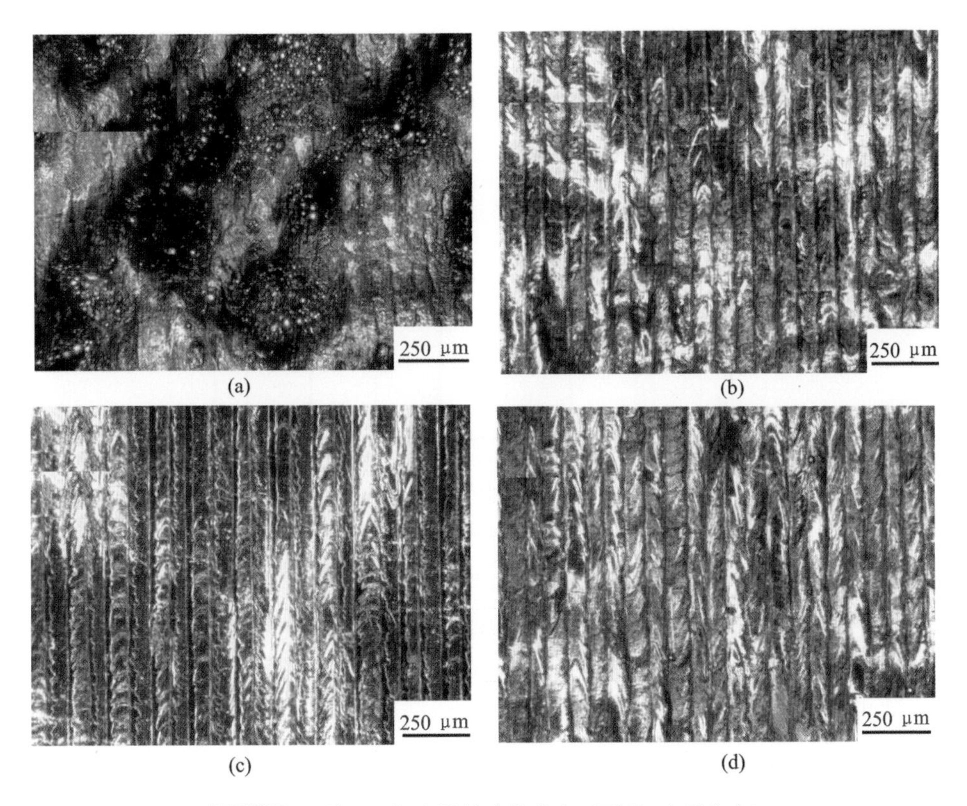

(a)　(b)　(c)　(d)

图 2.23　1%TiN 复合材料试样的表面形貌(水平方向)

(a) 140 W;(b) 160 W;(c) 180 W;(d) 200 W

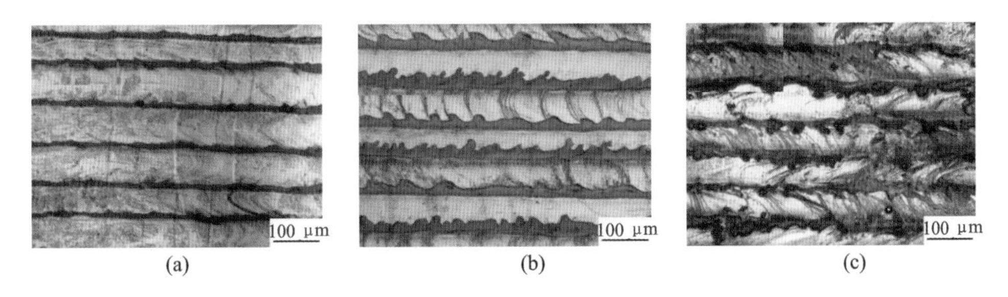

(a)　(b)　(c)

图 2.24　1%TiN 复合材料试样的 500 倍表面形貌(水平方向)

(a) 160 W;(b) 180 W;(c) 200 W

～200 W 时,复合材料试样的致密度为 98%左右,同时从图中可以看到,激光功率为 160 W 和 180 W 的试样致密度变动很小。从致密度上考虑,需要至少 160 W 的激光功率才能保证成形件的致密度,低功率时产生大量的孔隙降低致密度,高功率时过热熔体不稳定现象则会降低成形件致密度。

如前文所述,SLM 微熔池中液态金属数量直接影响成形试样的最终致密度和微观组织。粉末颗粒受激光辐照后形成微熔池,溶池之间相互搭接,然后层层堆

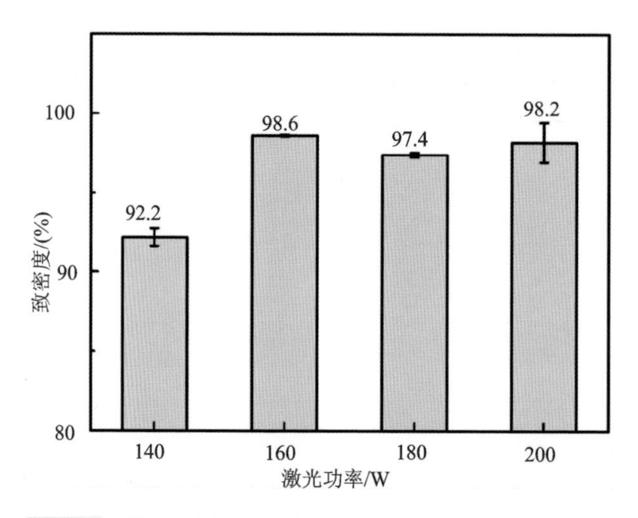

图 2.25 使用不同激光功率制造的复合材料试样的致密度

叠成形三维实体零件,单个的微熔池是获得三维零件的基本单元。微熔池形貌的主要影响因素有:高温金属熔体的黏度、润湿性、液相-固相流体学特性等。TiN 熔点为 3223 K,比大多数过渡金属氮化物的熔点都高,因其具有良好的高温热稳定性,微熔池形成时大尺寸的 TiN 颗粒不会被分解,而是保留在不锈钢熔体内,从而显著地增加了熔池内液态金属的黏度。在 SLM 制备 Ti/TiC 纳米复合材料时也报道了类似的情况。当使用较低的激光能量密度时,微熔池的温度受限,造成液态金属流动性不足。最终,微熔池为了达到平衡状态分裂为多个不连续的熔化道,造成了熔化道不稳定现象。在 SLM 逐层加工的过程中,新的一层粉末被铺展在已固化的层面上,由于前层熔化道的不连续造成成形平面凹凸不平的现象,因此不同位置的粉末厚度差异很大。当激光束扫描厚度不均匀的粉末时,熔化道的断裂、变形和不连续现象会更加严重。因此,层与层之间形成了很多孔隙,造成了成形件致密度降低。随着输入的激光能量增加,微熔池内熔体的黏度降低,液相润湿性得到改善,从而提高了 SLM 成形复合材料试样的致密度。但是,过高的激光能量会造成过熔,引起成形件内部较大的残余热应力和微裂纹,这将降低材料的致密度。总体而言,添加 TiN 颗粒后,SLM 成形件很难达到完全致密水平。

4. 激光功率对复合材料微观组织和相组成的影响

图 2.26 所示为不同激光功率成形的 1%TiN 复合材料试样的显微组织。当激光功率为 140 W 时,可以看到很多残余的孔隙较均匀地分布在成形件上,孔隙的长度超过了 200 μm,主要是因为激光能量不足。同时也可以看到从孔隙的边缘扩展出的一些微裂纹。当使用的激光功率增加时,大尺寸孔隙缺陷大大减少(见图 2.26 (b)～(d)),孔隙的尺寸也减小到 20 μm 左右。与 SLM 成形的 420 不锈

钢微观组织相比，无法清晰地辨认出微熔池和激光扫描方向。造成该现象的主要原因如下：TiN 颗粒的密度较小（5.43～5.44 g/cm^3）、高温稳定性良好，SLM 成形过程中，保留下来的 TiN 颗粒会在液体金属浮力和 Marangoni 对流的作用下向微熔池的边缘迁移。熔池边界在 TiN 颗粒的影响下变得不再明显，因此在图中未观察到微熔池之间的搭接。

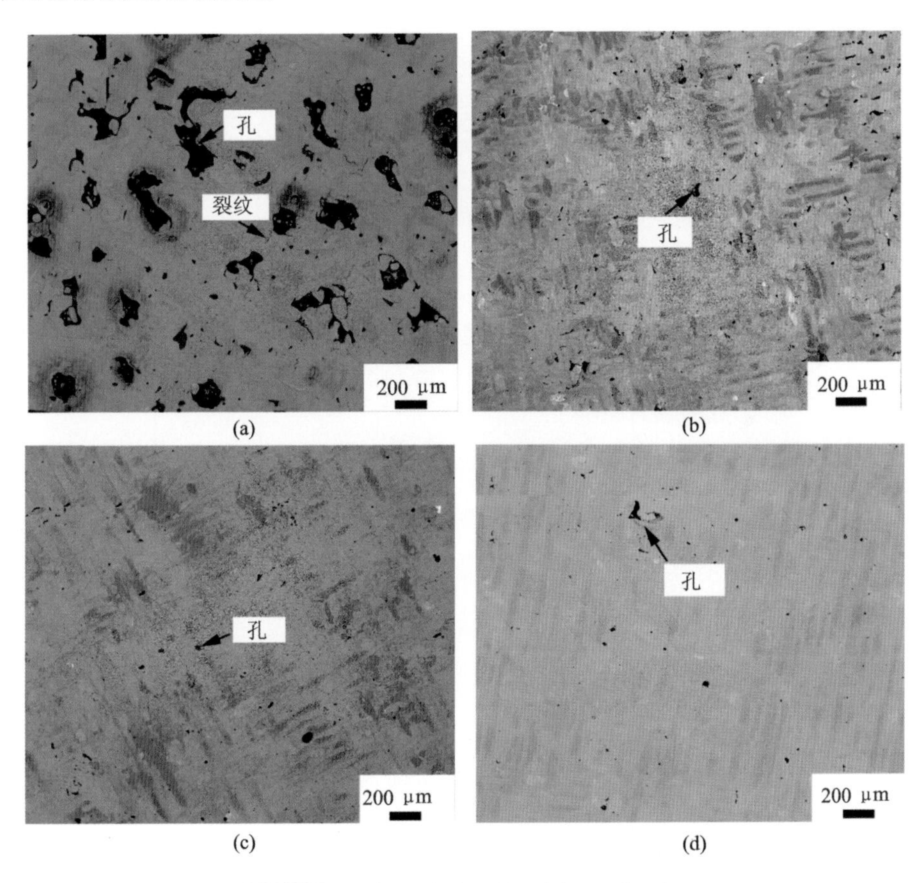

图 2.26　1%TiN 复合材料试样的显微组织

(a) 140 W；(b) 160 W；(c) 180 W；(d) 200 W

图 2.27 所示为 SLM 成形的复合材料试样中无缺陷处 TiN 颗粒及其扩散区域分布情况的 SEM 图。对图中不同衬度的位置进行 EDS 点能谱测试，其中 Ti 元素的含量如表 2.1 所示，根据 Ti 元素含量可以区分出 TiN 颗粒、不锈钢基体和扩散区，不同的区域已在图 2.27 中标出。如图 2.27(a)所示，当激光功率为 140 W 时，可以看到 TiN 仍保持了接近原始颗粒的形貌，TiN 颗粒和不锈钢基体之间没有裂纹、孔隙等缺陷存在。当激光功率增加时，如图 2.27(b)～(d)所示，未观察到原始的 TiN 颗粒存在。小尺寸的 TiN 颗粒在高温下可能扩散至不锈钢基体，形成了 Ti 元素含量为(2～4)%的扩散区。当使用的激光功率增加时，微熔池的温

度升高，Ti 原子的扩散行为得到提升，因此可以看到扩散区内 Ti 元素的含量随着激光功率的增大而升高。

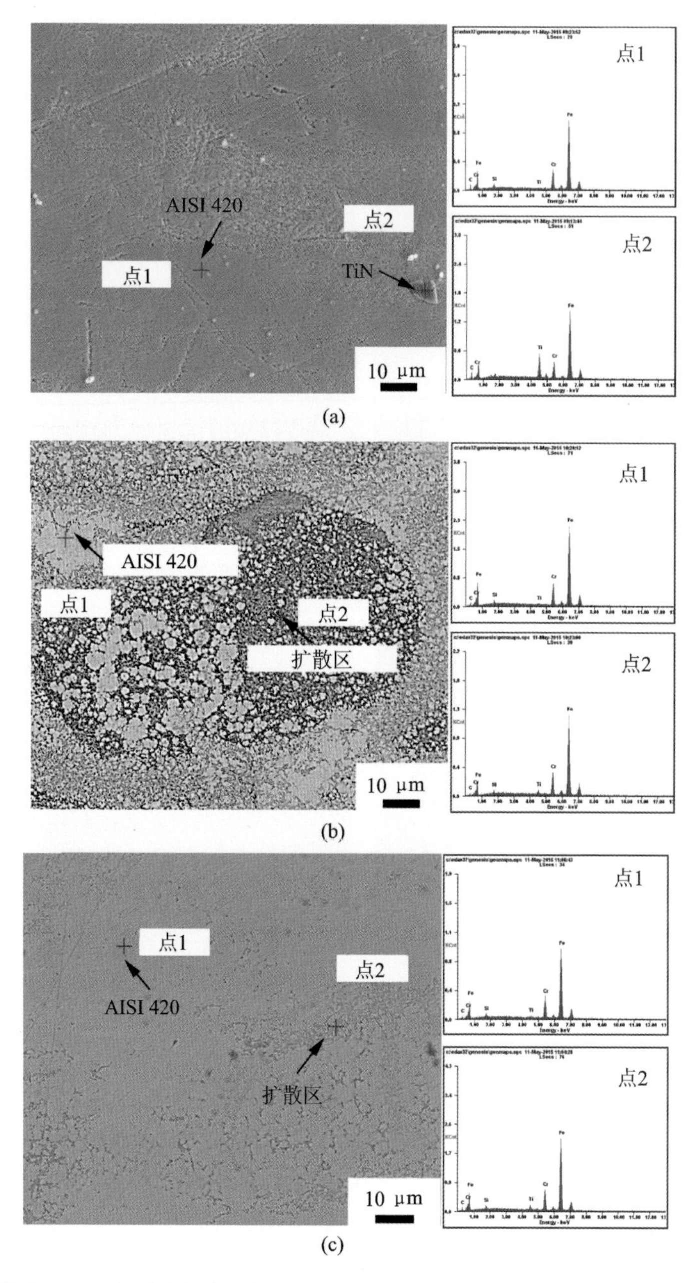

图 2.27　SLM 成形的复合材料试样中无缺陷处 TiN 颗粒及其扩散区域的分布

(a) 140 W；(b) 160 W；(c) 180 W；(d) 200 W

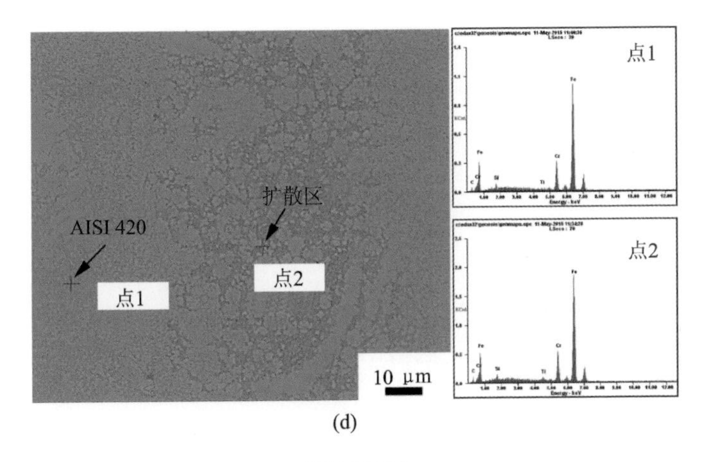

(d)

续图 2.27

表 2.1　SLM 成形复合材料试样中 Ti 元素的分布情况

功率/W	Ti 含量(%)		
	420 不锈钢基体	TiN	扩散区
140	0.32	11.18	—
160	0.59	—	2.87
180	0.74	—	2.41
200	0.43	—	3.25

SLM 成形的复合材料试样中 TiN 颗粒的含量仅为 1%，在无缺陷的组织内很难观察到完整的 TiN 颗粒，而在不同激光功率成形试样的组织缺陷附近都发现了 TiN 颗粒。图 2.28(a)为 140 W 激光成形的复合材料试样孔隙缺陷附近的微观组织，根据 EDS 能谱区分出 TiN 颗粒、扩散区和不锈钢基体，从 SEM 图片也可以看出不同区域的显微组织有明显的差异。扩散区为微小的针状组织，而 420 不锈钢区域为微小的胞状晶组织。图 2.28(b)为 TiN 和 420 不锈钢界面的高倍 SEM 图，从图中可以看出 TiN 与过渡区之间形成了良好的冶金结合。同时 TiN 颗粒的尺寸超过了 20 μm，远大于原始的 TiN 颗粒，说明 SLM 成形过程中 TiN 颗粒存在聚集长大的现象。如上所述的微观组织说明了 TiN 在成形的复合材料试样中分布并不均匀。

图 2.29 所示为使用不同激光功率制造的复合材料试样的 XRD 图谱。从图中可以看出主要检测出了 Fe-Cr 和 CrFe7C0.45 的峰位，由于 TiN 含量太少未检测出 TiN 的峰位。从图 2.29(b)、(c)中看到 Fe-Cr 相 40°～50°的峰位的角度随着激光功率的增加而增大，82°附近的峰位也表现出类似的特点。根据 Bragg 定律：

$$2d\sin\theta=n\lambda\ (n=1,\ 2,\ 3,\ \cdots) \tag{2-4}$$

可知晶格常数减小，这是由于 Ti 原子在不锈钢晶格中固溶造成的。此结果与表 2.1 中的 Ti 元素的分布数据也一致。

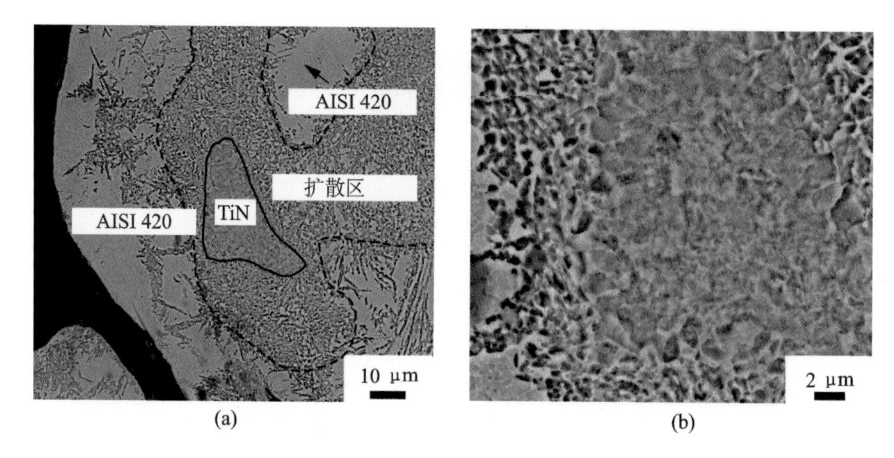

图 2.28　140 W 成形件的显微组织和 TiN/420 不锈钢界面的高倍 SEM 图

(a)显微组织;(b) TiN/420 不锈钢界面的高倍 SEM 图

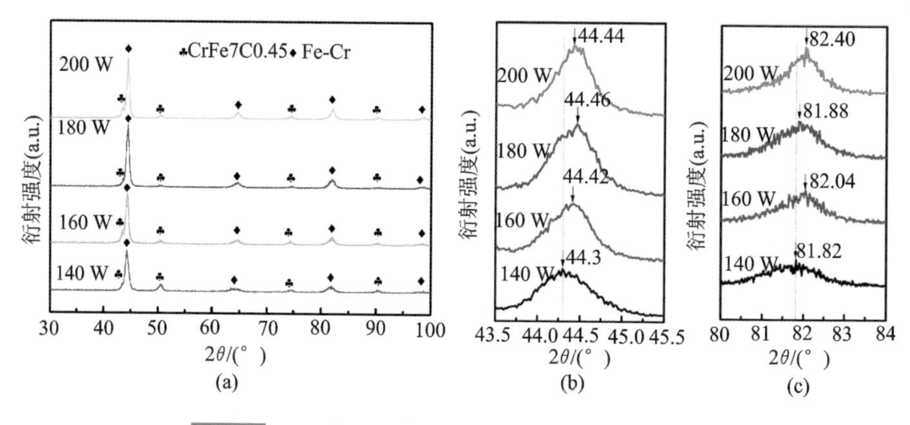

图 2.29　TiN/420 不锈钢复合材料试样的 XRD 图谱

5. 激光功率对复合材料试样硬度和摩擦性能的影响

图 2.30 为 SLM 成形复合材料试样的硬度测试结果。当激光功率从 140 W 变为 160 W 时,维氏硬度从 547 HV3 略微下降到 522 HV3;当激光功率为 180 W 时,复合材料试样获得最大维氏硬度为 607 HV3;当激光功率增加到 200 W 时,维氏硬度大幅度下降至 479 HV3。考虑到维氏硬度在孔隙上无法测量,故决定测试洛氏硬度。由于测试洛氏硬度的探头较大,可直接显示结果,故不需要特意避开孔隙。如图 2.30(b)所示,宏观硬度表现出与维氏硬度不一致的趋势,随着激光功率从140 W增加到 180 W,硬度从 43.3 HRC 增加到 56.7 HRC,当激光功率继续增加到 200 W 时,硬度下降为 45.7 HRC。SLM 成形的复合材料试样的强化机制主要有:TiN 颗粒强化和 Ti 元素的固溶强化,同时成形件的致密度、组织缺陷也对力学性能产生影响。当使用 140 W 成形复合材料试样时,由于熔池温度较低,部分微米级的 TiN 颗粒被保留,TiN 颗粒强化提升了材料的维氏硬度,但是

140 W成形件致密度较低，因此测量洛氏硬度时孔隙缺陷影响了平均硬度，同时也看出 140 W 成形试样的硬度标准偏差最大。随着激光能量增大，Ti 元素固溶增加，TiN 颗粒强化作用减弱，由于 TiN 硬度远高于金属，160 W 成形试样维氏硬度下降，而180 W成形试样固溶强化效果增加，因此，维氏硬度和洛氏硬度都达到最大。当激光能量继续增大时，成形件中较大的残余应力和裂纹等缺陷降低了材料的硬度。由多种因素的相互作用得到了图 2.30 所示的硬度变化图形。

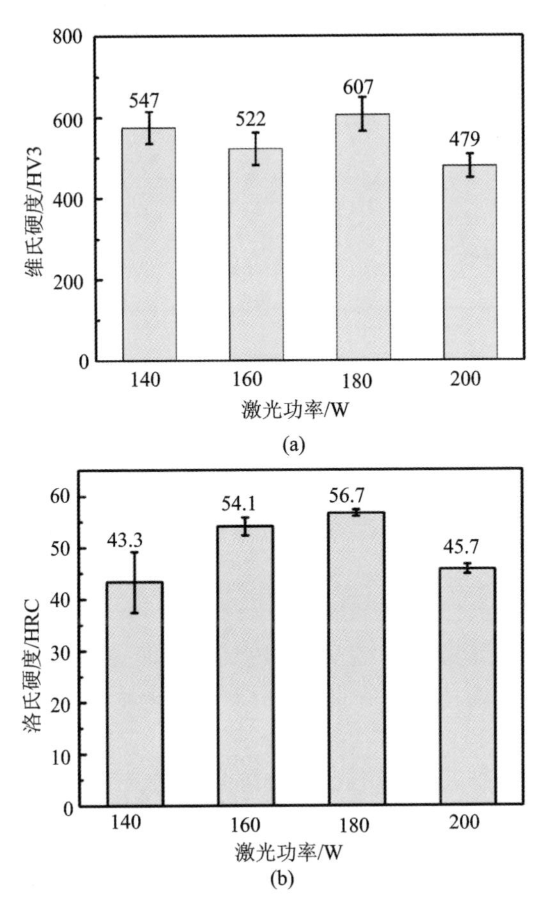

图 2.30　TiN/420 不锈钢复合材料试样的硬度

(a) 维氏硬度；(b) 洛氏硬度

试验时采用 4 N 的载荷和 20 mm/s 的滑动速度，滑动摩擦 60 min，得到试样的摩擦系数和时间的关系(见图 2.31)，表 2.2 列出了试样的摩擦系数和跑合 800 s 时的摩擦系数。激光功率为 140 W 和 160 W 时，SLM 制造的复合材料试样具有相近的摩擦系数。当激光功率为 180 W 时，SLM 制造的复合材料试样具有最小的摩擦系数，为 0.63。激光功率为 200 W 时，复合材料试样的摩擦系数增加到 0.66。从图 2.31 中可以看到复合材料试样摩擦系数变化平稳，表明摩擦磨损性能比较稳定。当选用Si_3N_4陶瓷作为摩擦副时，316 不锈钢上的 TiN 涂层的摩擦系数为 0.91，Ti6Al4V 基体上的 TiN 涂层的摩擦系数为 0.66～0.72，可以看出成形的 420 TiN/AISI 复合材料试样具有较低的摩擦系数，证明了其具有优于 TiN 涂层的耐磨性。

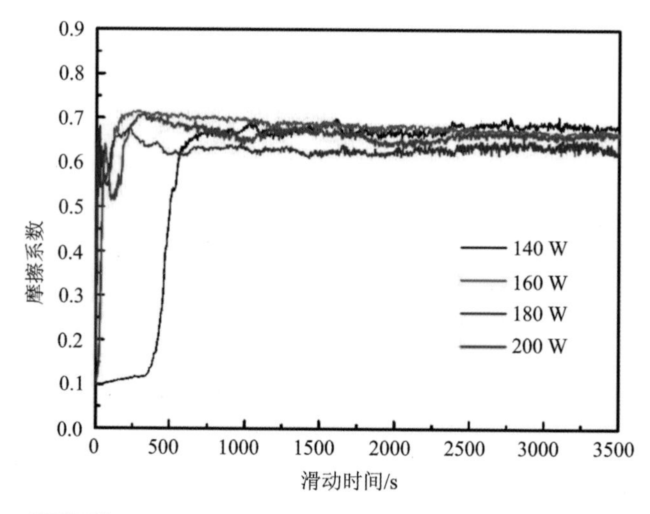

图 2.31　TiN/不锈钢复合材料试样摩擦系数随时间的变化

表 2.2　不同工艺成形试样摩擦系数

试样采用的激光功率 /W	140	160	180	200
摩擦系数	0.5999	0.6789	0.6301	0.6555
跑合 800 s 时的摩擦系数	0.6764	0.6782	0.6304	0.6605

图 2.32 为 SLM 成形复合材料试样磨损面的 3D 形貌和纵截面轮廓。如图 2.32(a)所示，140 W 激光功率制备的复合材料试样表面存在很多孔隙，从磨损面的截面轮廓可以看出磨损产生的沟槽十分不明显，并且没有明显的磨屑堆积情况。随着激光功率的增加，SLM 制造复合材料试样磨损面的磨痕宽度和深度都增加(见图 2.32(b)～(d))。激光功率从 140 W 增加到 160 W、180 W、200W 时，磨痕的宽度分别为0.39 mm、0.94 mm、0.78 mm、0.94 mm。从磨损面的 3D 形貌可以清楚地看到干摩擦后复合材料试样的磨损量十分有限。

图 2.33 为 SLM 成形复合材料试样磨损面形貌。根据图 2.33(a)中不同的微观形貌特征，140 W 的复合材料试样磨损面可以分为 b、c 两个区域，分别如图 2.33(b)、(c)所示。将这些区域放大观察，可以看到 b 区内犁沟清晰平直，平行于摩擦副运动的方向；而 c 区内磨屑黏附在磨痕边缘。当激光功率为 160 W 和 200 W时，复合材料试样磨痕中犁沟变深，与硬度结果一致。图 2.33(j)展示了十分严重的磨损面，表面存在微米级别的孔隙和很大的犁沟。维氏硬度较高时，如 140 W 和 180 W 制造的复合材料试样(见图 2.33(a)和(g))的磨损面比较光滑。复合材料的致密度、硬度造成了成形件不同的磨损面形貌。

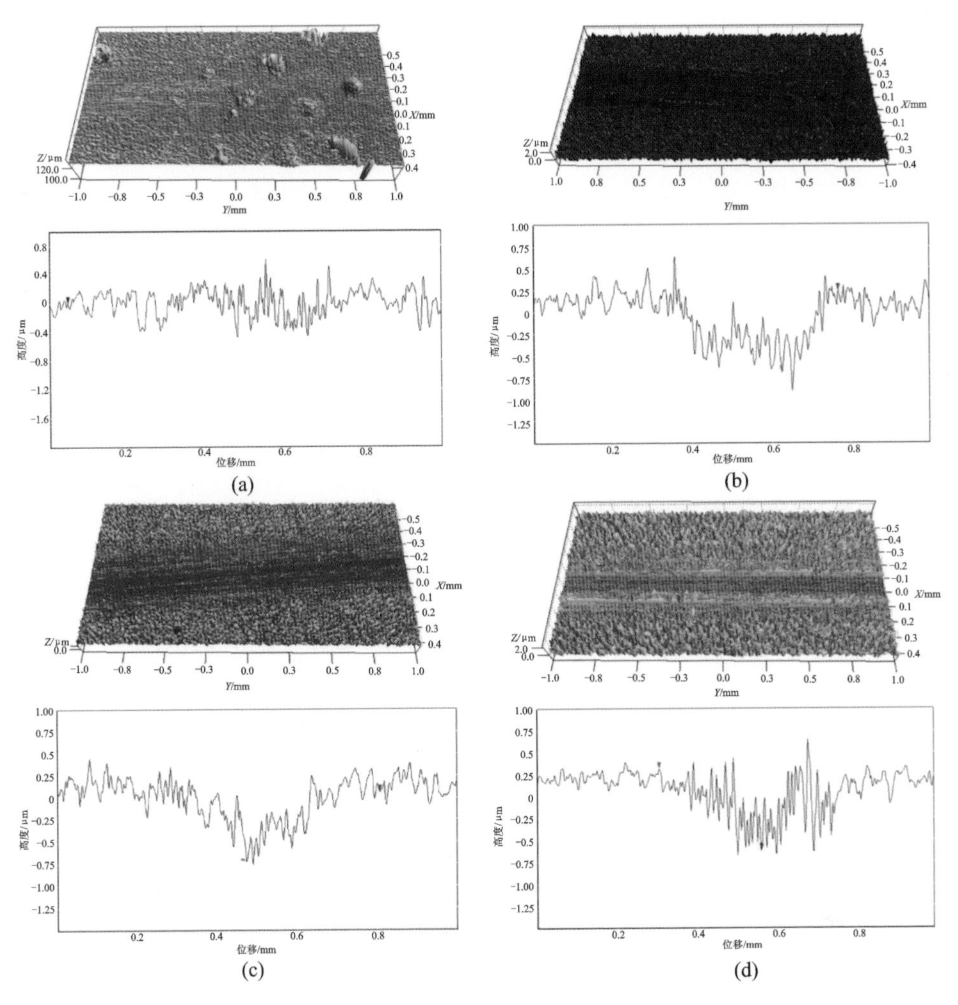

图 2.32　TiN/不锈钢复合材料试样磨损面的 3D 形貌和纵截面轮廓

(a) 140 W;(b) 160 W;(c) 180 W;(d) 200 W

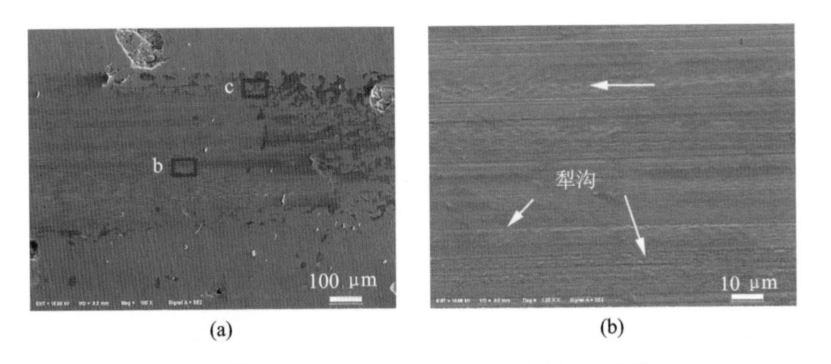

图 2.33　TiN/不锈钢复合材料试样磨损面形貌

(a)～(c) 140 W;(d)～(f) 160 W;(g)～(h) 180 W;(i)～(j) 200 W

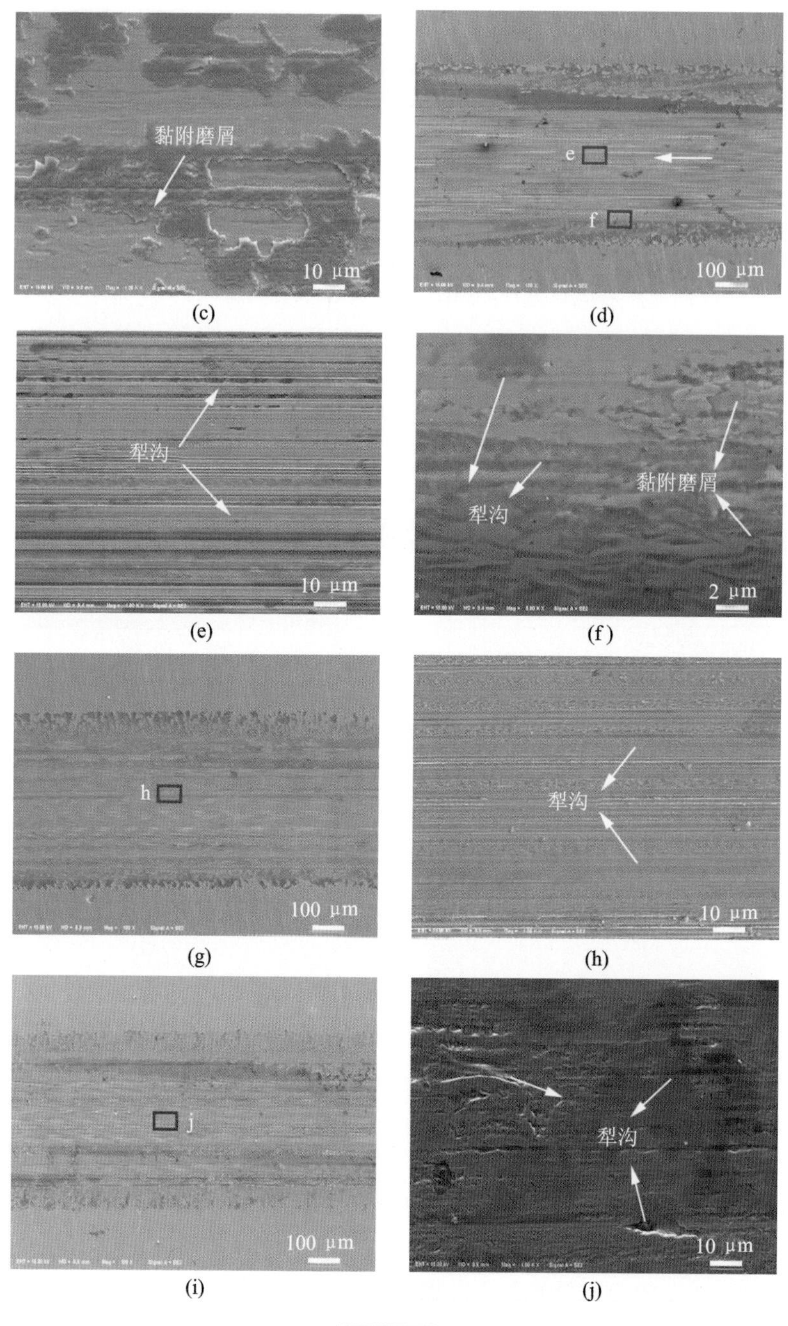
黏附磨屑
10 μm
(c)
e
f
100 μm
(d)
犁沟
10 μm
(e)
犁沟
黏附磨屑
2 μm
(f)
h
100 μm
(g)
犁沟
10 μm
(h)
j
100 μm
(i)
犁沟
10 μm
(j)

续图 2.33

2.1.4 nHA/AISI 316L 复合材料

本试验中，将316L粉末和纳米羟基磷灰石(nano hydroxyapatite，nHA)粉末按体积比95∶5、90∶10、85∶15混合后制成3种复合粉末。为叙述方便，本小节中分别用5nHA/AISI 316L、10nHA/AISI 316L和15nHA/AISI 316L表示三种粉末体系。粉末采用球磨的方式混合，球磨机采用南京南大仪器有限公司生产的争先牌行星式球磨机，在玛瑙罐中加入氧化锆球球磨混合，转速为150 r/min，混合时间为15 h。由于nHA不导电，在电镜观察复合粉末形貌之前对粉末进行了喷铂金处理。混合后的5nHA/AISI 316L复合粉末形貌及颗粒表面能谱如图2.34所示。从图中可以看出，在复合粉末颗粒表面，Ca、P元素的分布均匀，表明nHA颗粒包裹在316L粉末的表面。

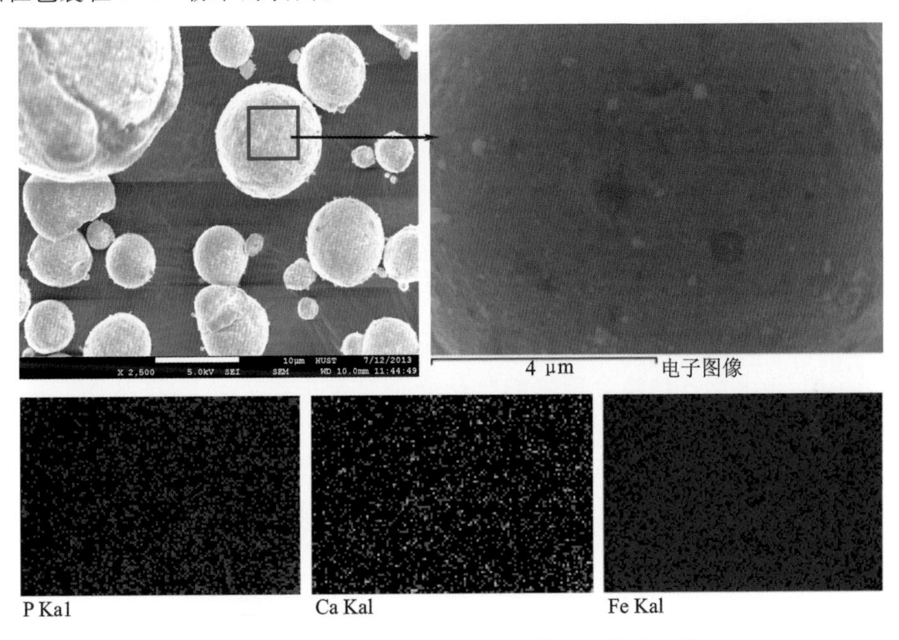

图2.34 5nHA/AISI 316L复合粉末形貌及能谱

10nHA/AISI 316L复合粉末低倍及高倍形貌如图2.35所示，从图中可以看出，10nHA/AISI 316L复合粉末中，316L表面附有一些白色颗粒。

15nHA/AISI 316L复合粉末形貌及点能谱如图2.36所示，从图中可以看出，15nHA/AISI 316L复合粉末中除了大颗粒的球外，还散落有一些细小的颗粒。对小颗粒进行点能谱分析发现含有大量的Ca、P、O元素，不含Fe、Cr、Ni等元素，可以认为，白色细小颗粒为团聚的nHA。比较三种复合粉末的形貌可知，5nHA/AISI 316L复合粉末中，几乎看不到微小的nHA团聚颗粒，15nHA/AISI 316L复合粉末中微小的nHA团聚颗粒相对较多。

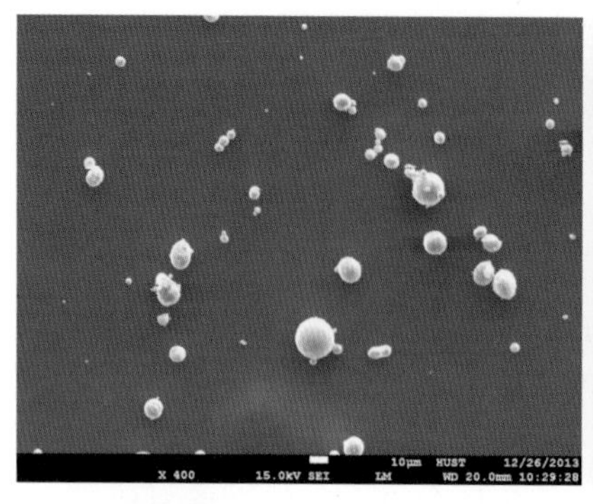

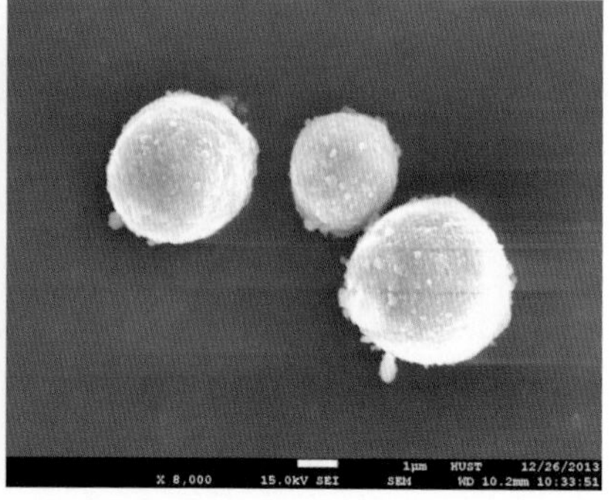

图 2.35 10nHA/AISI 316L 复合粉末形貌的低倍形貌及高倍形貌

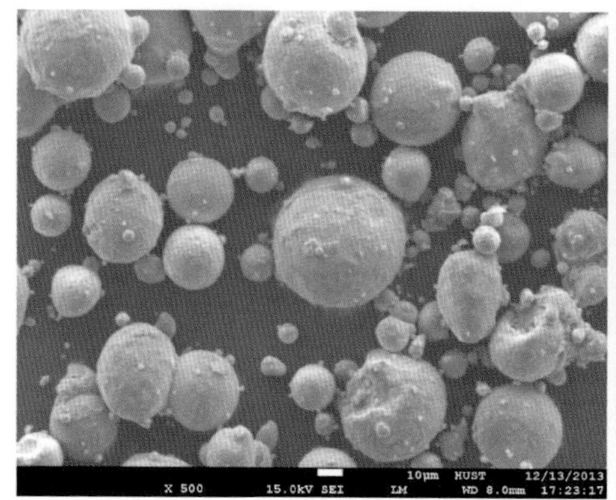

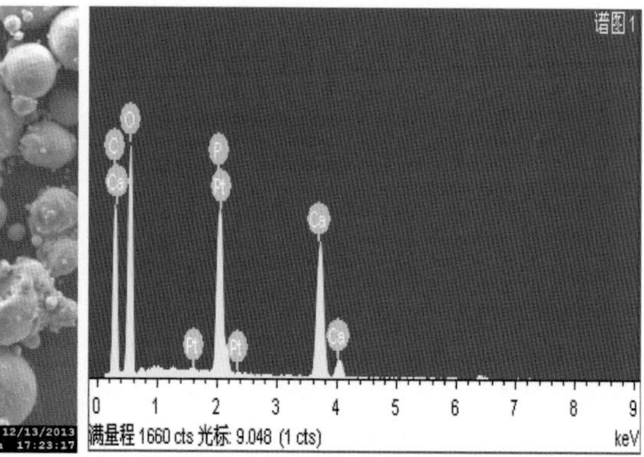

图 2.36 15nHA/AISI 316L 复合粉末形貌及点能谱

纯 316L 粉末及三种复合粉末的粒径分布如表 2.3 与图 2.37 所示。从图 2.37可以看出，添加 nHA 后，复合粉末的粒径分布更分散，平均粒径明显减小。同时，从表 2.3 中可以看出，随着 nHA 含量的增加，复合粉末 D_{10}、D_{50}、D_{90} 均逐渐减小。这说明一部分的 nHA 发生自团聚，形成较小的粉末颗粒，使粒径较小的粉末颗粒的体积分数变大。

表 2.3 不同粉末的粒径分布

粉末	D_{10}	D_{50}	D_{90}
纯 316L	17.7	31.4	50.7
5nHA	10.0	28.6	52.4
10nHA	9.43	27.1	47.8
15nHA	7.24	26.3	48.0

综合复合粉末表面形貌、能谱及粒径分布分析可知，经过球磨混合后，一部分 nHA 粉末以自团聚成的微小颗粒存在于复合粉末体系中，一部分 nHA 颗粒则包裹在 316L 不锈钢粉末的表面。并且，随着 nHA 体积分数的增大，复合粉末的体系中微小的 nHA 团聚颗粒增多。

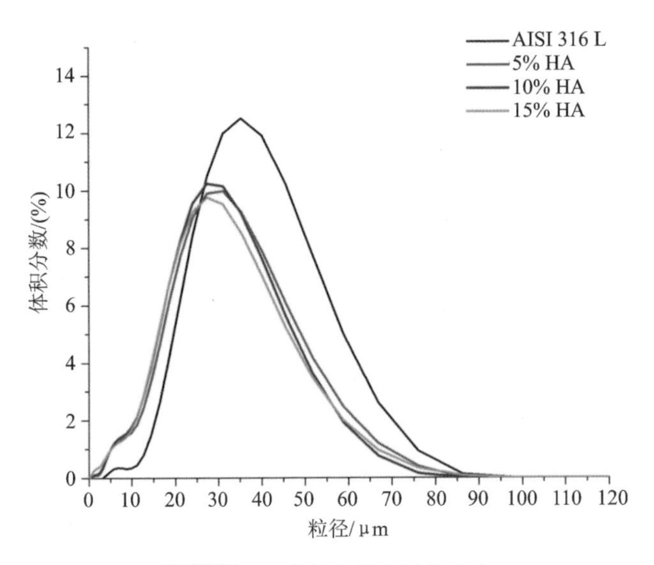

图 2.37　四种复合粉末粒径分布

图 2.38 所示为在 250 mm/s 的扫描速度下，SLM 工艺成形的 5nHA/AISI 316L 复合材料试样原始表面的低倍形貌。可以看出试样的表面较粗糙，有很多肉眼可见的沟壑，且沟壑的方向平行于扫描得到的熔池，具有直径 300 μm 大的圆形或椭圆形孔洞。孔洞可能是 nHA 在高温下分解过程中的产生的 H_2O 以水蒸气的形式逸出熔池形成的气孔。

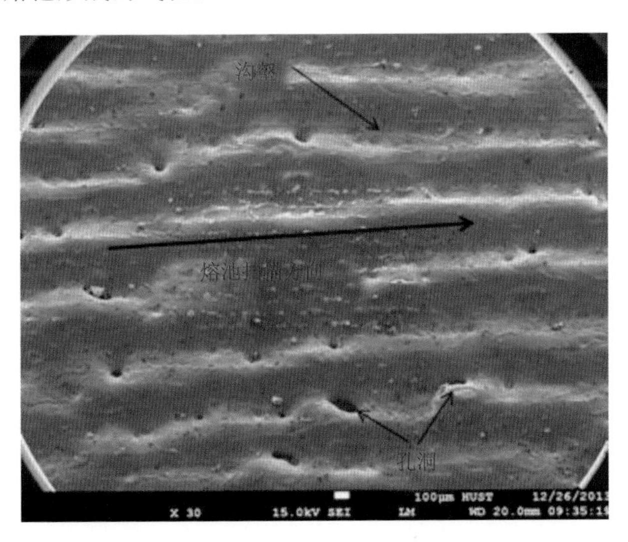

图 2.38　5nHA/AISI 316L 复合材料的表面形貌

图 2.39 是电镜下观察到的未经打磨抛光处理的 SLM 成形 5nHA/AISI 316L 复合材料试样原始表面微观形貌及能谱分析，观察面平行于熔池的扫描方向，即垂直于粉层堆积方向的平面。从图 2.39(a)看出，复合材料的表面粗糙，可见许多

白色条状的物质较均匀地镶嵌在深灰色的基体材料上，复合材料试样上还出现了长度为 100 μm 左右的微裂纹。图 2.39(b)所示为图 2.39(a)中白色物质的点能谱分析，分析表明白色物质含有 Ca、P、O 等元素。根据点能谱元素含量比可知，Ca、P 原子比为 Ca/P=1.53，其比例略低于 HA 中 Ca、P 原子比 1.67。即白色物质为钙磷化合物。图 2.39(c)为图 2.39(a)中红色方框部分的高倍图，图2.39(d)～(f)为其面能谱分析结果，这里只给出了 Ca、Fe、S 等元素谱图，另外还含有 C、O、Si、Cr、Ni、Mn 元素，此处不一一分析。面能谱显示，Ca、Fe 元素在基体中分布均匀，没有偏析现象。但是同时可以看出，基体中没有发现 P 元素。这可以解释为基体中 P 元素含量较少，难以通过 EDS 检测出。可以认为基体中 Ca、P 原子比小于 HA 中 Ca、P 原子比 1.67。综合图 2.39 分析可知，经过 SLM 过程后 nHA 分解产生的钙磷化合物，均匀分布在熔池上部的金属基体中，没有产生偏析。这是由于球磨混粉后，nHA 颗粒均匀包裹在 316L 不锈钢颗粒的表面，在 SLM 过程中熔池内部经历快速冷却，形成梯度表面张力，熔体发生对流，在毛细管流的作用下，金属颗粒表面较轻的 nHA 颗粒被推挤到了熔池上部。这表明在激光的作用下，金属与 nHA 陶瓷间产生了冶金结合，形成了金属-陶瓷微接触面。

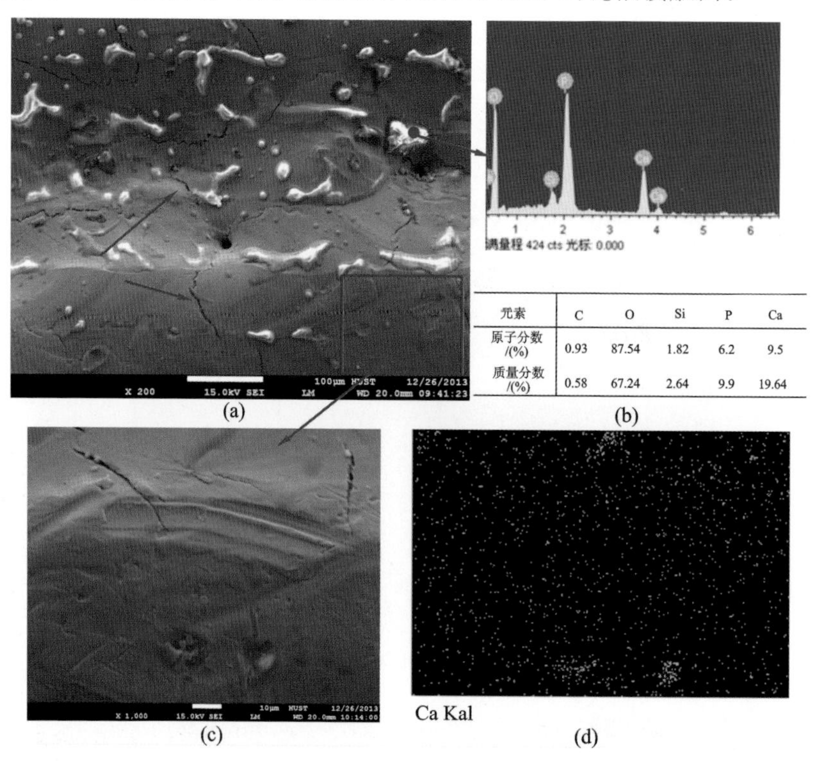

元素	C	O	Si	P	Ca
原子分数/(%)	0.93	87.54	1.82	6.2	9.5
质量分数/(%)	0.58	67.24	2.64	9.9	19.64

图 2.39　250 mm/s 时 5nHA/AISI 316L 复合材料试样原始表面形貌及 EDS 分析

(a)低倍形貌；(b)点能谱结果；(c)高倍形貌；

(d)Ca 元素面能谱；(e)Fe 元素面能谱；(f)S 元素面能谱

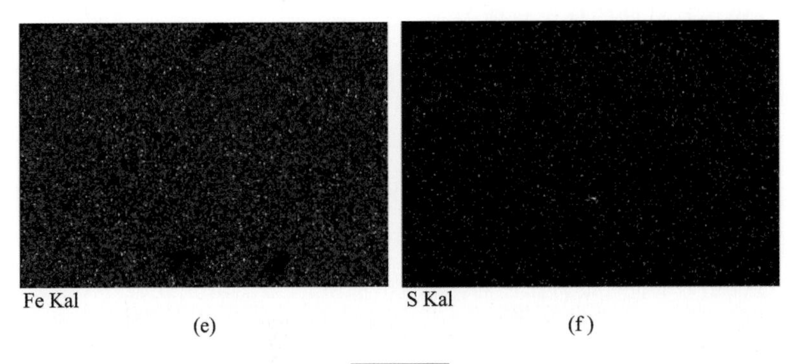

(e) (f)

续图2.39

在传统金属生物修复材料制备过程中，为了提高修复体与骨骼接触界面的结合强度，通常增大金属的表面粗糙度，但采用这种方法改善的结合强度十分有限。随着研究的深入，人们在金属表面添加生物活性涂层，赋予接触界面除机械结合力外的化学和生物结合力。试验结果表明，添加仿天然骨骼成分类陶瓷（如羟基磷灰石等）涂层后的金属修复体与骨骼接触界面容易产生化学和生物结合，最终能显著促进骨的依附和长入进程，在临床应用中可达2～5年的稳定使用寿命。然而，经喷涂、沉积、溶剂、溶胶及离子注入等工艺获得的生物活性涂层较薄，仅几微米厚，加上涂层本身力学性能与金属修复基体存在差异，在复杂载荷和长期服役条件下容易受损甚至是断裂脱落。为此，需要采取适当的热处理和化学腐蚀方法对金属修复体表面进行改性，或者采取多次涂层以增加涂层厚度，可以在一定程度上改善涂层的力学性能，但这个过程较为烦琐，且质量较难控制。

生物活性涂层可有效提升金属骨骼修复体的骨整合效果，并可一定程度上改善修复体与骨骼接触界面的结合力。但由于涂层较薄，且涂层与金属的力学性能存在较大差异，在复杂承重载荷和长期服役条件下容易失效，造成二次伤害。改变涂层与金属修复体成分突变接触界面可有效克服上述问题。

本研究中，通过激光与金属和陶瓷的作用，形成的这种金属-陶瓷结合方式不同于涂层工艺中的界面以机械咬合为主，该结合方式没有成分突变界面，以弥散的金属-HA微结合界面存在，具有冶金结合特性，结合强度更高。同时，一方面，SLM成形的nHA/AISI 316L生物复合材料的表面具有一定的粗糙度，有利于骨细胞的依附和长入；另一方面，通过前面的分析可知，经过SLM成形的nHA/AISI 316L生物复合材料中，HA聚集在熔池上部，即试样的原始表面有一层HA，提高了复合材料的生物活性，有利于与人体骨骼组织产生化学和生物的结合。因此，SLM成形的nHA/AISI 316L复合材料与人体接触界面，不仅有机械咬和力结合，还有化学、生物结合，能够与人体骨骼组织形成较强的结合力，同时具有良好的生物活性，有利于促进骨骼细胞在修复体表面的依附及生长，因此在人体酸性应用环境中具有良好的抗失效能力。

图 2.40 所示为扫描速度为 250 mm/s 时，HA 含量为 5%（体积分数）的试样的 SEM 图及点能谱。观察图 2.40(a)、(c)可以知道，5nHA/AISI 316L 不锈钢试样出现了明显的微裂纹，裂纹长度为几百微米。由于 SLM 是一个急速加热急速冷却的过程，熔体具有较高的温度梯度和冷却速度，这一过程在几毫秒的时间内发生，因此制件内很容易产生热应力和组织应力。组织应力是由于某些金属在固态相变的过程中，由于两相的比热容不一致，而引起体积增大或减小，彼此牵制产生的应力。热应力更具有普遍性，是 SLM 成形过程中产生裂纹的主要因素。热应力是激光热源作用于金属时，由于激光热源的局部热输入，形成不均匀温度场，造成金属各部分的热膨胀和收缩变形不一致造成的。在激光熔化金属的过程中，熔池及其附近的温度较高的区域膨胀，离熔池较远部分的金属温度较低，没有膨胀的趋势。因此，熔池区域将受到压应力，远离熔池部分将受到拉应力；而在熔体冷却的过程中，凝固部分收缩，而离熔体较远部分则不会发生收缩，因此熔体区域受到拉应力，远离熔体部分受压应力的作用。即 SLM 过程中产生热应力主要是由于熔体的不均匀受热造成的。当制件内部应力超过材料的屈服强度时，即产生裂纹以释放内应力。同时，在本研究中裂纹的形成除了 SLM 工艺本身的成形因素的影响之外，还与添加的 nHA 有关。因 HA($\alpha=16.9\times10^{-6}$℃)与 316L 不锈钢($\alpha=19.6\times10^{-6}$℃)的热膨胀系数差异较大，进一步加大了制件内部的残余应力。另一方面，HA 中含有大量的 P 元素，热裂纹对 P 元素尤其敏感，在 SLM 过程中 HA 分解出的 P 更进一步加剧了凝固过程中裂纹的产生。因此，SLM 工艺成形的 316L-nHA 复合材料中极易产生裂纹。

由图 2.40(a)可知，试样的裂纹及孔隙处聚集有大量的白色物质，经点能谱采集可知，白色物质含有 Ca 和 P 元素，推测应该是磷灰石。

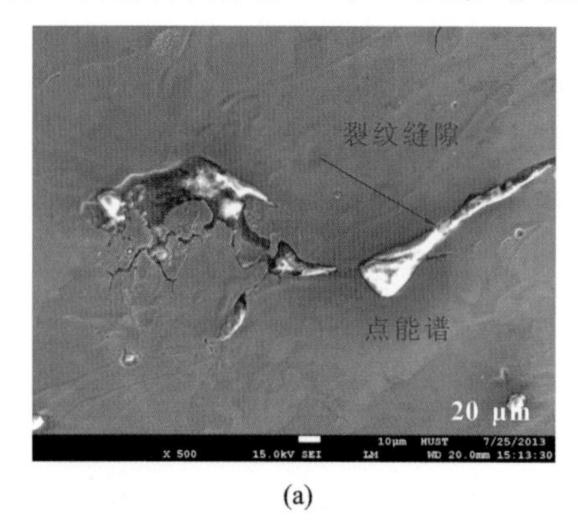

(a)

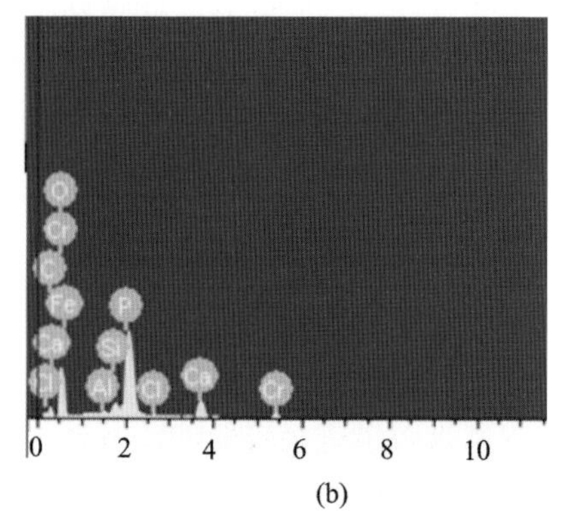

(b)

图 2.40　250mm/s 时，5nHA/AISI 316L 复合材料 SEM 及 EDS 分析

(a)低倍形貌；(b)点能谱；(c)高倍形貌；(d)晶粒边界点能谱

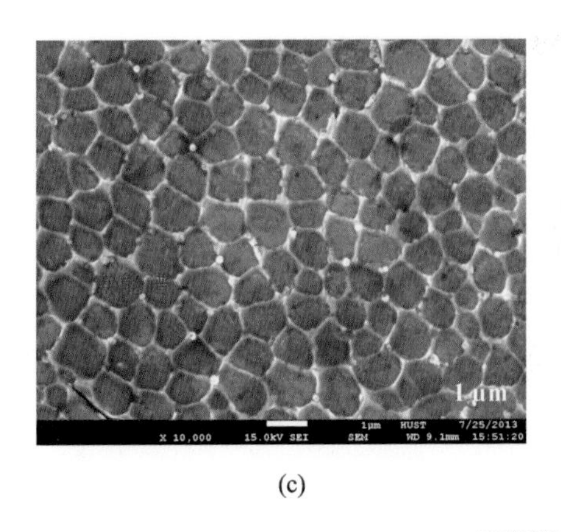

(c)

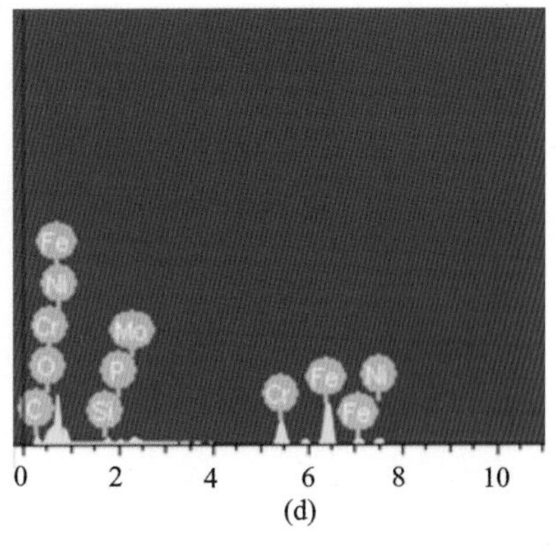

(d)

续图 2.40

图 2.40(c)所示为 SLM 成形的 5nHA/AISI 316L 复合材料的微观组织，图 2.40(d)是晶粒边界的点能谱结果，可知，晶粒边界含有 P 等元素。大部分的 HA 聚集在 SLM 试样的熔池上部的基体中，小部分 HA 残留在试样内部。当激光扫描速度较低时，熔池的冷却速度相对较慢，nHA 颗粒作为难熔的杂质被排向晶粒边界，由于 HA 中富含 P 元素，在晶粒边界造成偏析，产生热裂纹(见图2.40(a))。这也是上文分析中所述的由于 HA 与 316L 不锈钢的热膨胀系数差异较大，从而在 316L 不锈钢与 nHA 界面处产生裂纹并扩展的一个佐证。

图 2.41 是扫描速度为 400 mm/s 时，5nHA/AISI 316L 复合材料试样的形貌。图 2.41(a)所示为垂直于熔池方向的纵向截面的显微组织。观察发现，试样中的裂纹大多出现在熔化道搭接处或由搭接处向外扩展。图 2.41(b)所示是扫描速度为 400 mm/s 时，SLM 工艺成形的 5nHA/AISI 316L 不锈钢复合材料试样的未经打磨处理的低倍形貌，可以看出试样表面的白色物质呈列状分布，并且平行于激光扫描方向，相邻列间距为 100 μm，大约为一个熔池宽度。图 2.41(c)所示为熔池堆积方向示意图，从前文的分析可知，在 SLM 过程中，由于 nHA 的密度很小，在熔池中很容易上浮，主要集中在熔池的上部。铺粉系统铺好下一层粉末，激光再次扫描时，已经凝固的熔池会发生部分重熔，大部分 HA 又上浮到熔池上部，但是熔池搭接处没完全重熔，即一部分 HA 残留在熔池搭接处，因此裂纹由熔池搭接处开始扩展。

图 2.42 是 5nHA/AISI 316L 不锈钢复合材料试样在不同扫描速度下的低倍微观形貌。当扫描速度较低(250 mm/s，图 2.42(a))时，裂纹密度更大；随着扫描速度的增大，裂纹密度减小(300 mm/s，图 2.42(b))；当扫描速度达到 400 mm/s 时(见图 2.42(d))，试样没有明显裂纹。当激光扫描速度较低时，熔池的冷却速度相对较慢，nHA 颗粒作为杂质被排向晶粒边界，由于 nHA 中富含 P 元素，在晶粒

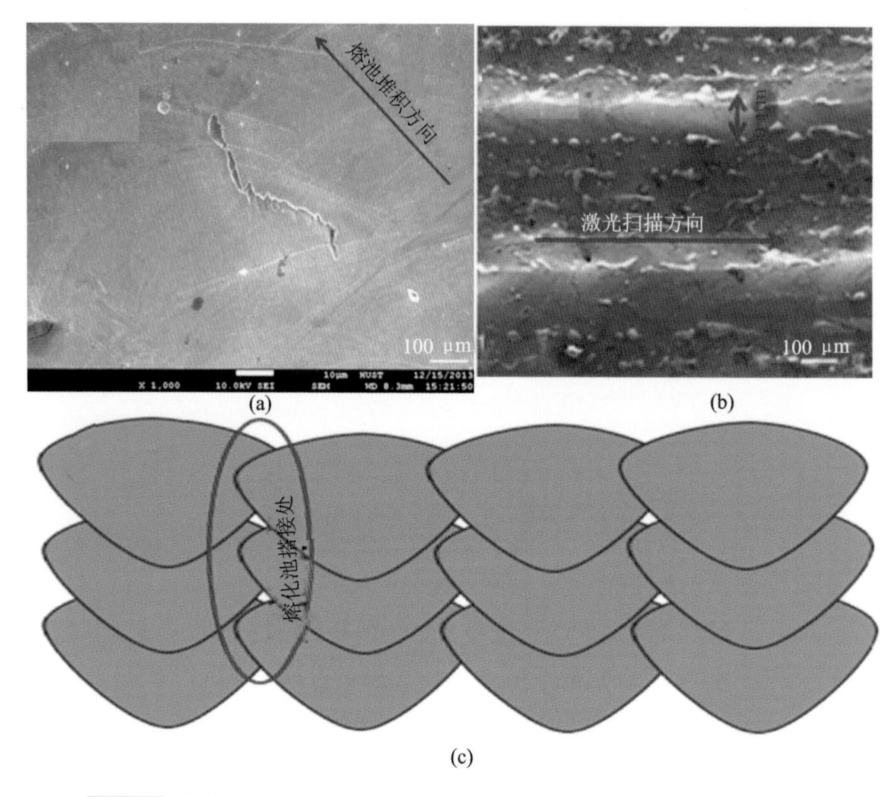

图 2.41 扫描速度为 400 mm/s 时，5nHA/AISI 316L 复合材料试样形貌

(a)垂直于熔池截面的微观组织；(b)试样原始表面低倍形貌；(c)熔池堆积方向示意图

边界造成偏析，产生热裂纹。当激光扫描速度较高时，熔池的冷却速度较快，一部分 nHA 颗粒还来不及被排向边界，熔池就发生凝固，HA 颗粒包裹在晶粒中，因此裂纹减少。

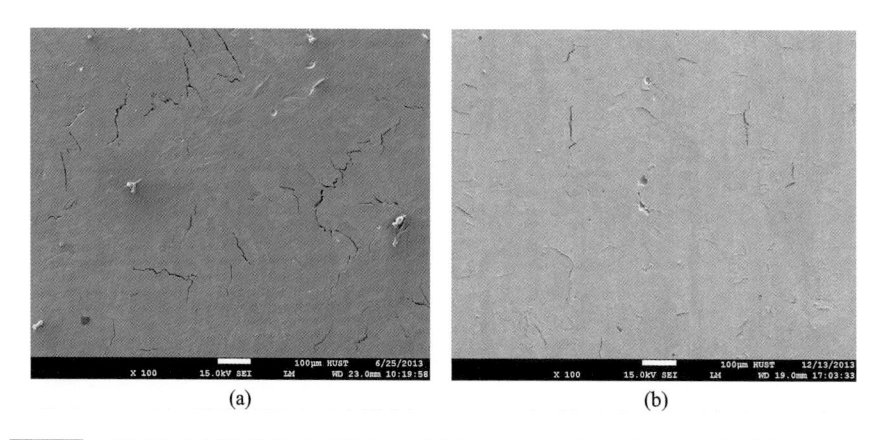

图 2.42 不同激光扫描速度下成形的 5nHA/AISI 316L 复合材料试样的低倍显微组织

(a)250 mm/s；(b)300 mm/s；(c)350 mm/s；(d)400 mm/s

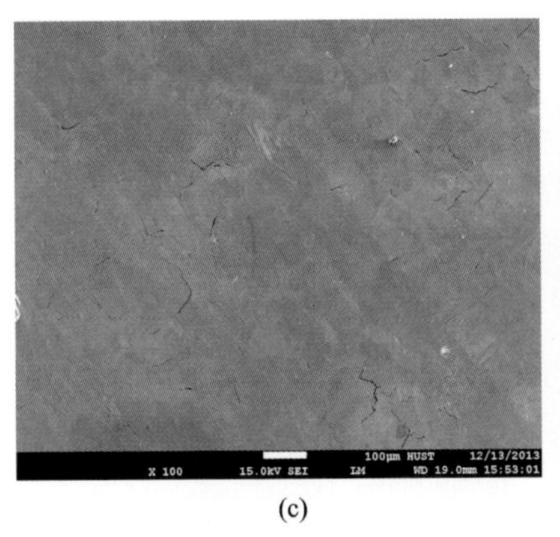

(c)

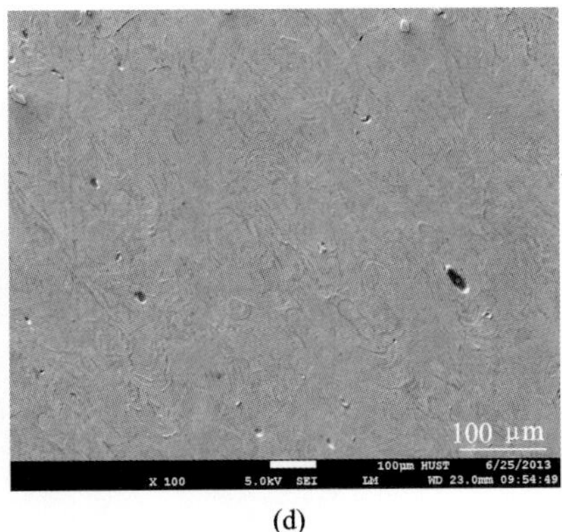

(d)

续图 2.42

从上面的分析可知，适当增大激光扫描速度，有利于减少裂纹。对粉床预热，能有效地减少激光局部热输入造成的不均匀温度场的影响，有利于减小熔池的温度梯度，从而减少裂纹的产生。俄罗斯科学院列别捷夫物理研究所的 I. V. Shishkovskii、I. A. Yadroitsev 和 I. Yu. Smurov 等人采用 SLM 工艺制备了 NiTi 合金与 HA 的生物复合材料，制件内部产生了裂纹，将粉床预热到 800℃后，裂纹消失。此外，对制件进行热等静压也是消除 SLM 零件内部裂纹的途径。学者 F. Wang 和 X. Wu 采用 SLM 工艺制备了镍基高温合金，但由于镍基合金的热膨胀系数较大，内部产生了大量的热应力，导致制件产生了裂纹，对成形件进行热等静压处理之后，内部裂纹及孔隙均得到闭合，力学性能也大大提高。

图 2.43 所示为四种扫描速度下 5nHA/AISI 316L 复合材料的致密度，从图中可以看出，采用 SLM 工艺制备的 5nHA/AISI 316L 生物复合材料的致密度均在 97%以上，最高达到 98.7%。随着激光扫描速度的增大，5nHA/AISI 316L 复合材料的致密度依次降低。这是由于随着扫描速度的增大，激光对熔池的能量输入减小，扫描间距不变的情况下，相邻熔池搭接率减小，孔隙率增大，最终导致致密度下降。

表 2.4 所示为不同扫描速度下 5nHA/AISI 316L 复合材料的拉伸强度，从表中可以看出数据的稳定性较好，误差小于 5% 。随着扫描速度的增大，5nHA/AISI 316L 复合材料的拉伸强度分别为 508 MPa、580.4 MPa、622.3 MPa、606.4 MPa，均超过 ASTM 标准中 316L 锻件的拉伸强度。

表 2.4 不同扫描速度下的拉伸强度与延伸率

	250 mm/s	300 mm/s	350 mm/s	400 mm/s
拉伸强度/MPa	508.6	580.4	622.3	606.4
延伸率/(%)	11.1	18.1	23.4	15.7

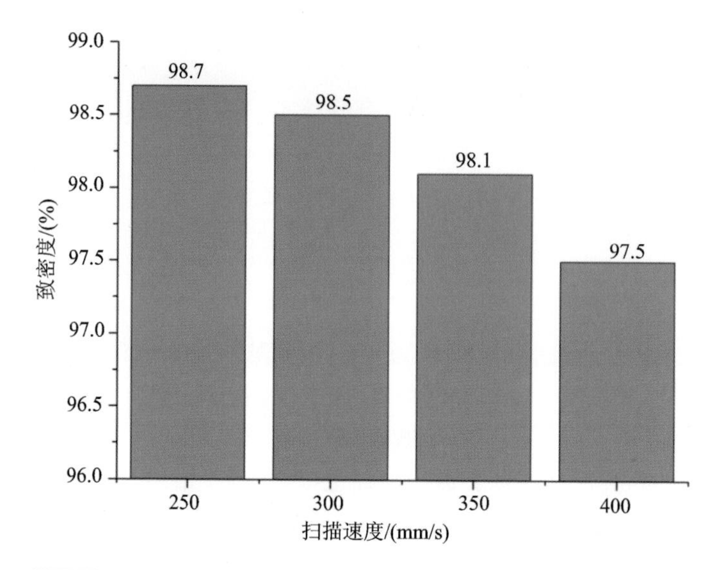

图 2.43　不同种扫描速度下 5nHA/AISI 316L 复合材料的致密度

图 2.44 是不同扫描速度下的复合材料试样的拉伸强度变化趋势图。随着扫描速度的增大，试样的拉伸强度呈现先增大后减小的趋势，在扫描速度为 350 mm/s 时出现转折点，达到最大值。如前面的分析，随着扫描速度的增大，一方面裂纹密度减小，有利于提高试样的强度，另一方面，试样的致密度下降，会导致试样的力学性能降低，在裂纹密度和致密度两个因素的共同影响之下，最终试样的拉伸强度出现了先上升后下降的变化趋势。

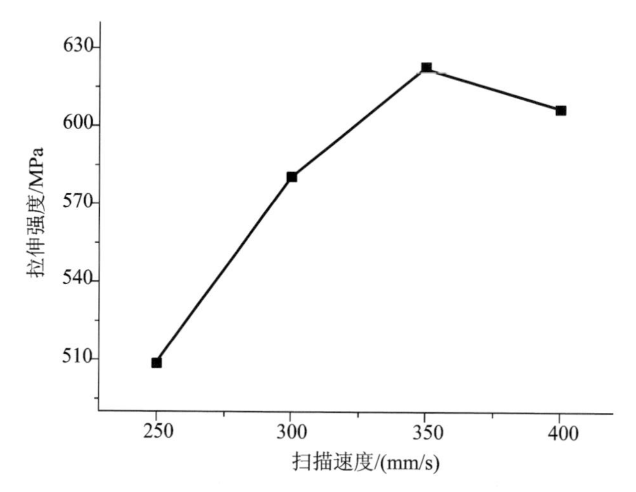

图2.44　不同扫描速度下的 5nHA/AISI 316L 试样的拉伸强度及延伸率变化趋势

图 2.45 为不同扫描速度下试样的拉伸应力-应变曲线。试样均具有完整的弹性变形阶段、屈服阶段和塑性变形阶段，表现出良好的塑性。随着扫描速度的增大，HA/AISI 316L 复合材料的延伸率分别为 11.1%，18.1%，23.4%，15.7%，在

350 mm/s 时达到最大值。

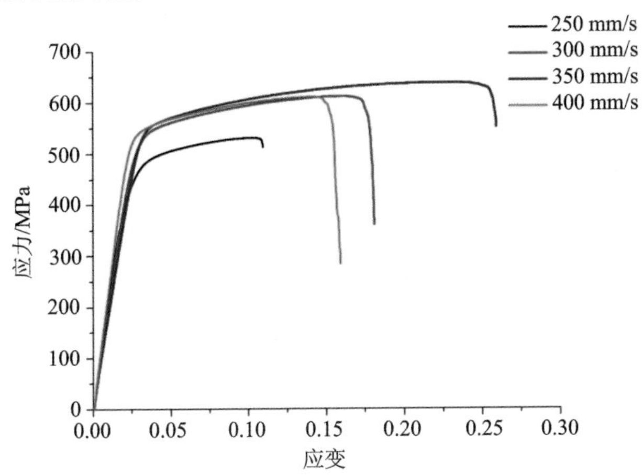

图 2.45　不同扫描速度下的试样的拉伸应力-应变曲线

图 2.46 所示为不同扫描速度下 5nHA/AISI 316L 复合材料的纳米压痕硬度的变化趋势。随着扫描速度增大，5nHA/AISI 316L 复合材料的硬度依次为 3.0 GPa、2.69 GPa、2.36 GPa、2.50 GPa，呈现先下降再上升的趋势，在 350 mm/s 取得最小值。

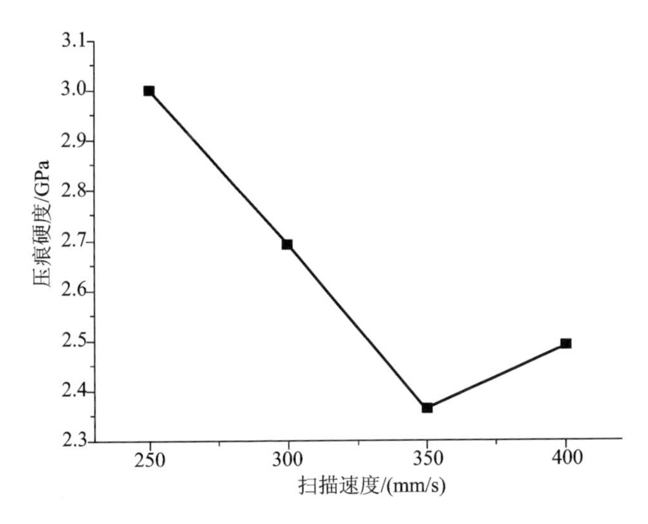

图 2.46　不同扫描速度下 5nHA/AISI 316L 复合材料的压痕硬度

本小节研究了 SLM 工艺成形的 5nHA/AISI 316L 复合材料的原始形貌、微观组织、裂纹形成机理、拉伸特性、纳米压痕硬度，主要得出以下结论：

(1)5nHA/AISI 316L 复合材料的原始形貌有沿扫描方向的沟壑，并分布有 Ca、P 化合物。由于 nHA 密度较小，在毛细管流的作用下包裹在 316L 金属颗粒表面的 nHA 在粉层熔化的过程中，被推挤到熔池顶部，最终 nHA 以点状分布在熔池顶部，形成金属-陶瓷微接触面，具有冶金特性，结合强度高，有利于增强复合材料的生物活性。

(2)由于 SLM 成形过程存在较大的温度梯度，且 nHA 与纯 AISI 316L 的热膨胀系数相差较大，HA 中还富含 P 元素，导致复合材料中产生了微裂纹。随着扫描速度的增大，裂纹密度有减小趋势。沿熔池堆积方向的截面组织表明，熔池在发生重熔时，熔池搭接处残留有部分 HA，导致裂纹在熔池搭接处产生并扩展。

(3)随着扫描速度增大，5nHA/AISI 316L 复合材料的致密度不断下降，均在 97%以上，最高为 98.7%；5nHA/AISI 316L 复合材料的拉伸强度呈现先上升再下降的趋势，在 250 mm/s 时取得最小值 508.6 MPa，在 350 mm/s 时取得最大值 622.3 MPa。断裂方式为混合型断裂，具有较好的塑性，延伸率最高达 24%。5nHA/AISI 316L 复合材料具有较好的拉伸力学性能；5nHA/AISI 316L 复合材料的压痕硬度均呈现先下降后上升的趋势，在 250 mm/s 取得最大压痕硬度 3.0 GPa，在350 mm/s时取得最小压痕硬度 2.36 GPa。

2.1.5 FeCoCrMoCBY/AISI 316L 复合材料

本研究采用的粉末为气雾化不锈钢 316L 和 $Fe_{43.7}Co_{7.3}Cr_{14.7}Mo_{12.6}C_{15.5}B_{4.3}Y_{1.9}$粉末，其平均粒径分别为 43.4 μm 和 13.6 μm。将增强相和基体按质量比为 1∶9混合，使不锈钢粉末和非晶增强体均匀混合。

采用 EOS M280 设备成形复合材料，该设备包含 Yb:YAG 光纤激光器(最大功率 P_{max}=400 W，波长 λ=1060 nm，光斑直径 d=80 μm)和 F-theta 透镜系统。成形时采用氩气保护，氧含量低于 100 ppm(1 ppm=1/1000000)。成形参数为：激光功率 285 W，扫描速率960 mm/s，层厚 0.04 mm，扫描间距 0.11 mm。成形时采用旋转 67°的扫描方式，制备 10 mm × 10 mm × 5 mm 块体以及拉伸件，如图 2.47 所示，其致密度可达 98.8%。

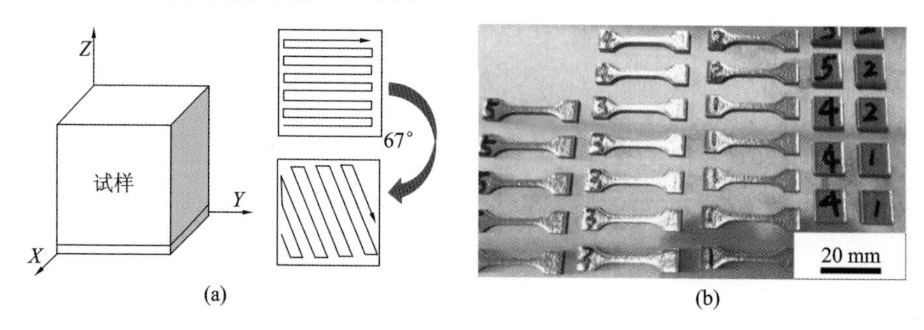

图 2.47 FeCoCrMoCBY/AISI 316L 复合材料

(a)扫描策略示意图；(b)复合材料制件

图 2.48 为 SLM 成形复合材料上表面及抛光后表面形貌对比图。由图 2.48(a)可以看到,在原始上表面复合材料有沿着熔池边界分布的白色带状,其成分与基体不同,采用点能谱分析,成分中 Y 和 O 含量非常高。在 SLM 成形过程中,非晶合金熔化后,其 Y 元素和 O 元素结合,生成 Y_2O_3,该氧化物密度($5.01\ g/cm^3$)远低于不锈钢密度,因此在激光的作用下被推开至熔池两边,当上面一层粉末铺上后,激光再次扫描,将下层凝固的位置一起熔化,Y_2O_3 再次上浮,最终留在了材料最上层。图 2.48(b)为抛光后上表面形貌,没有明显的不同相,采用面能谱扫描可知其元素成分分布非常均匀,验证了仅有上表面有氧化物。

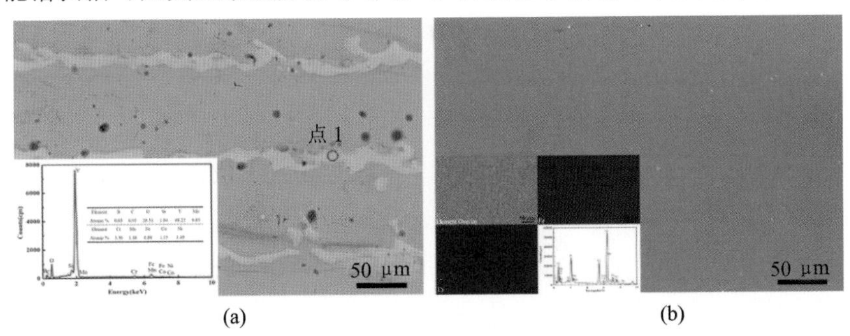

图 2.48 FeCoCrMoCBY/AISI 316L 复合材料及抛光后表面形貌对比图

(a) 原始上表面 SEM 形貌;(b) 抛光后上表面形貌

复合材料的拉伸曲线如图 2.49 所示,图中 316L 拉伸强度为 819 MPa,复合材料拉伸强度为 1090 MPa,当然,强度的提升伴随着塑性的降低,其延伸率从 24.7%降到 9.8%。显然,复合材料和 316L 均为韧性断裂,图 2.49 中插图为两种材料的晶粒尺寸,可以看到 316L 尺寸较复合材料稍大,这也是复合材料拉伸强度提升的原因之一。

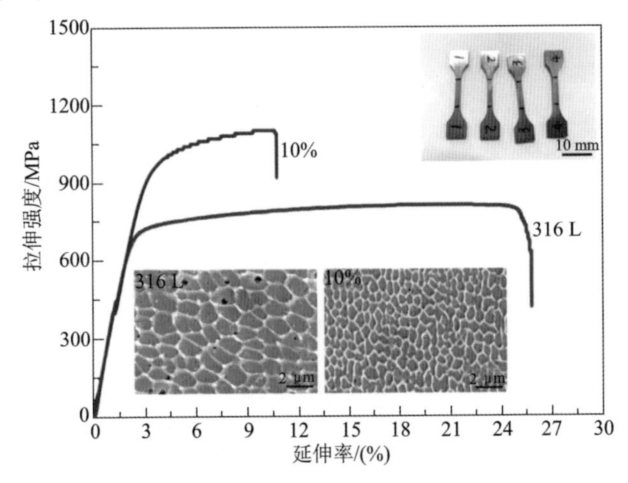

图 2.49 FeCoCrMoCBY/AISI 316L 拉伸曲线

图 2.50(a)和(b)为 316L 基体和复合材料摩擦、磨损性能对比，从图中可以看到，复合材料的摩擦系数较 316L 基体有所降低，平均摩擦系数从 0.62 降低至 0.49，降低了 21%，表明其摩擦性能有明显提升。如图 2.50(a)所示，两种材料的摩擦系数在 500 s 后均降低，跑和阶段结束后，316L 制件的曲线波动较大，而复合材料的摩擦系数更加稳定且明显低于 316L 的。图(b)给出了其磨损量对比，复合材料磨损量相较 316L 基体材料降低了 20%。

图 2.50(c)和(d)为摩擦磨损后制件表面形貌，由平行的梨沟和片层区组成，这些梨沟由 Si_3N_4 陶瓷球来回往复摩擦造成，说明所有的试样在摩擦过程中发生了塑性变形。图 2.50(c)和(d)中的插图为划痕附近的 EDS 分析，可以看到磨损处氧含量普遍偏高，这是由于在磨损过程中，接触表面温度升高，使得金属产生了氧化。复合材料中固溶的元素如 Mo 元素可以提升其磨损性能。

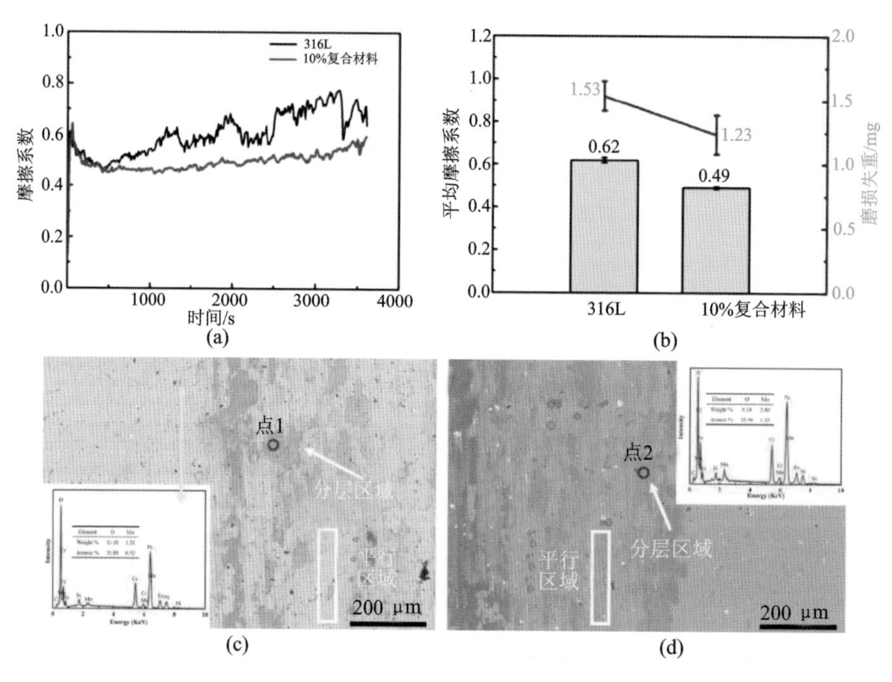

图 2.50 316L 和复合材料的摩擦曲线、磨损失重与磨损表面 SEM 图

(a) 摩擦曲线；(b)磨损失重；(c)不锈钢；(d)复合材料

图 2.51 所示为 SLM 成形的复合材料与 316L，以及传统方法成形 316L 制件的电化学性能对比。其中可以明显看到 SLM 成形件的腐蚀性能提升，而加入非晶后，复合材料的电化学性能进一步提升，最终其动电位中的腐蚀电位从 0.55 提升至 0.64 再到 0.75。

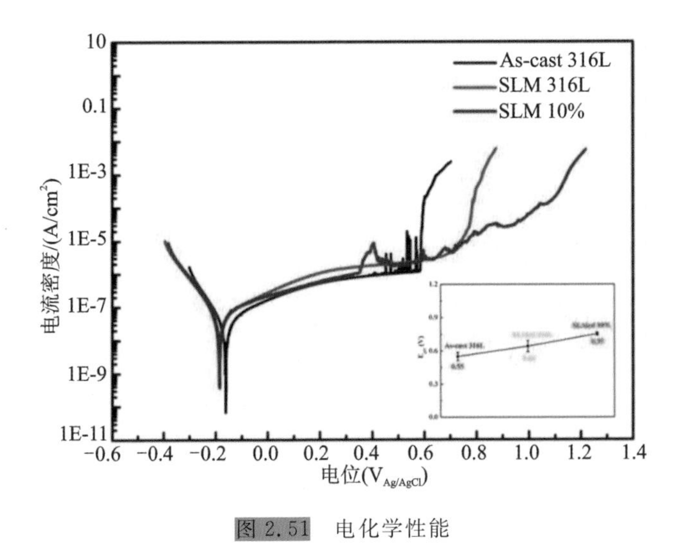

图 2.51　电化学性能

2.1.6　TiB_2 /S136 复合材料

本研究选用的原材料为球形 S136 粉末和不规则的 TiB_2 粉末。氩气雾化 S136 粉末由长沙骅骝冶金粉末有限公司提供，平均粒径为 25 μm，具体化学成分如表 2.5 所示。TiB_2 粉末由南京宏德纳米材料有限公司提供，粒径为 100～200 nm。将 S136 粉末和0.5% TiB_2粉末混合后置于球磨机（QM-3SP4 型行星式球磨机，南京南大仪器有限公司）中进行高能球磨，使二者均匀混合。具体球磨参数设置如下：球料质量比为 4∶1，转速为 200 r/min，球磨时间为 6 h。原始 S136 粉末和 TiB_2 粉末及混合粉末的 SEM 图如图 2.52 所示。

表 2.5　S136 粉末元素组成（%）

Si	Mn	Cr	V	C	O	P	S	Fe
0.96	0.98	13.55	0.4	0.29	0.078	0.01	—	Bal.

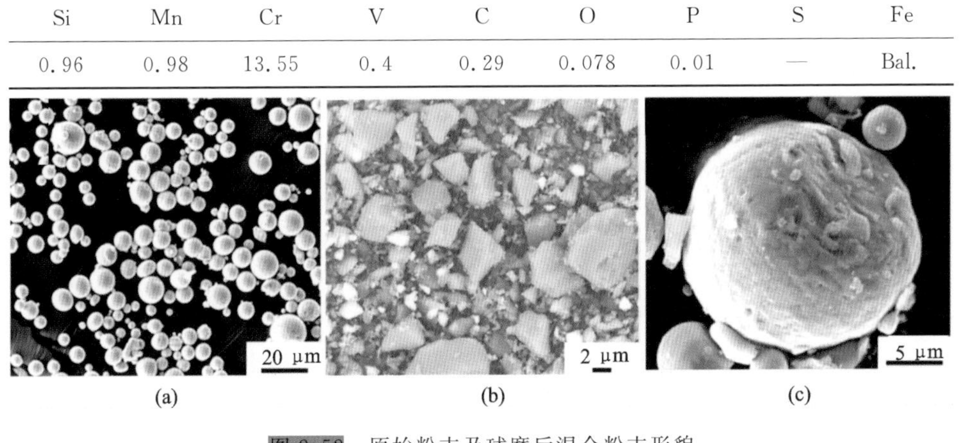

图 2.52　原始粉末及球磨后混合粉末形貌

(a)S136 粉末；(b)TiB_2 粉末；(c)0.5%TiB_2/S136 粉末

本试验采用德国 Solutions 公司的 SLM 125(400 W 单光纤激光器)设备成形 TiB_2/S136复合材料，工艺参数如下：激光功率为 280 W，扫描速度分别为 450 mm/s、700 mm/s、1000 mm/s、1200 mm/s，扫描间距 0.12 mm，分层厚度 0.05 mm，激光扫描策略为分组变向扫描，相应的激光能量密度为 103.7 J/mm^3、66.7 J/mm^3、46.7 J/mm^3、38.9 J/mm^3。SLM 成形试样如图 2.53 所示。拉伸件通过线切割的方式从基板上切取下来，经酒精清洗后，依次用 400 目、800 目、1200 目及 2000 目的砂纸对其进行打磨。

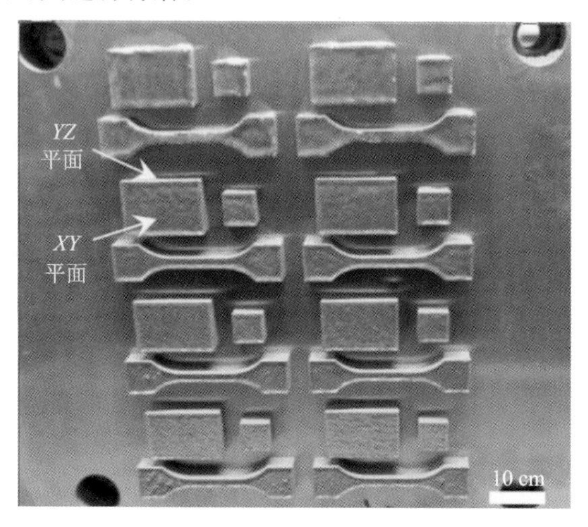

图 2.53　SLM 成形试样

图 2.54(a)为不同激光能量密度 E 下 SLM 成形试样的 XRD 图谱。从图中可以发现，检测出了基体 α-Fe 相、γ-Fe 相及 TiB_2 相。参考标准 α-Fe 在 $2\theta=44.68°$ 的衍射峰，随着激光能量密度 E 不断增加，SLM 成形试样的衍射峰位发生了明显的右移(见图 2.54(b))，根据 Bragg 定律：

$$2d\sin\theta=n\lambda\ (n=1,2,3,\cdots) \tag{2-5}$$

可知晶面间距 d 减小，由此推断 Ti 原子在 S136 模具钢晶格中发生了固溶。

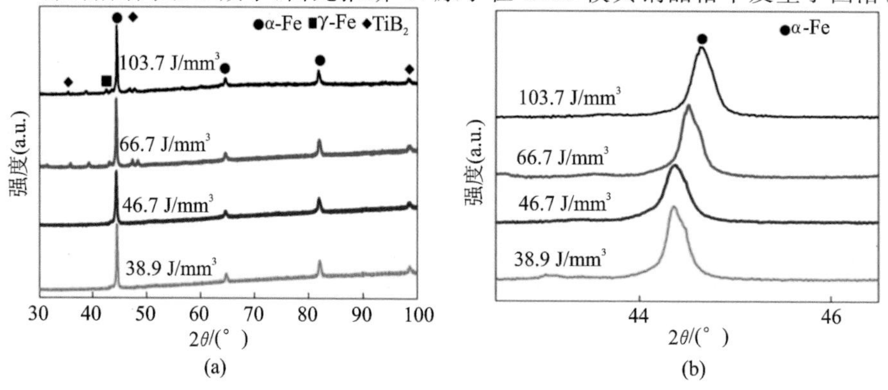

图 2.54　不同激光能量密度 E 下 SLM 成形试样的 XRD 图谱

如图 2.55 所示为不同激光能量密度 E 下 SLM 成形试样 YZ 面典型形貌，可以发现逐层搭接的熔池，SLM 成形试样致密度随 E 的变化情况。当激光能量密度 E 较低，为 38.9 J/mm^3 时，SLM 成形试样 YZ 面存在大尺寸的孔洞，且球化现象明显（见图 2.55(a)），因此，试样的致密度仅为 95.1%。随着 E 增加到 46.7 J/mm^3 时，SLM 成形试样致密度有了一定的提升，孔隙尺寸明显减小（见图 2.55(b)）。当 E 继续增加至 66.7 J/mm^3 时，SLM 成形试样 YZ 面致密化行为良好（见图 2.55(c)），致密度达到 97.3%。然而当 E 继续增加到 103.7 J/mm^3 时，成形试样 YZ 面出现裂纹和小尺寸孔隙（见图 2.55(d)），致密度降至 95.4%。

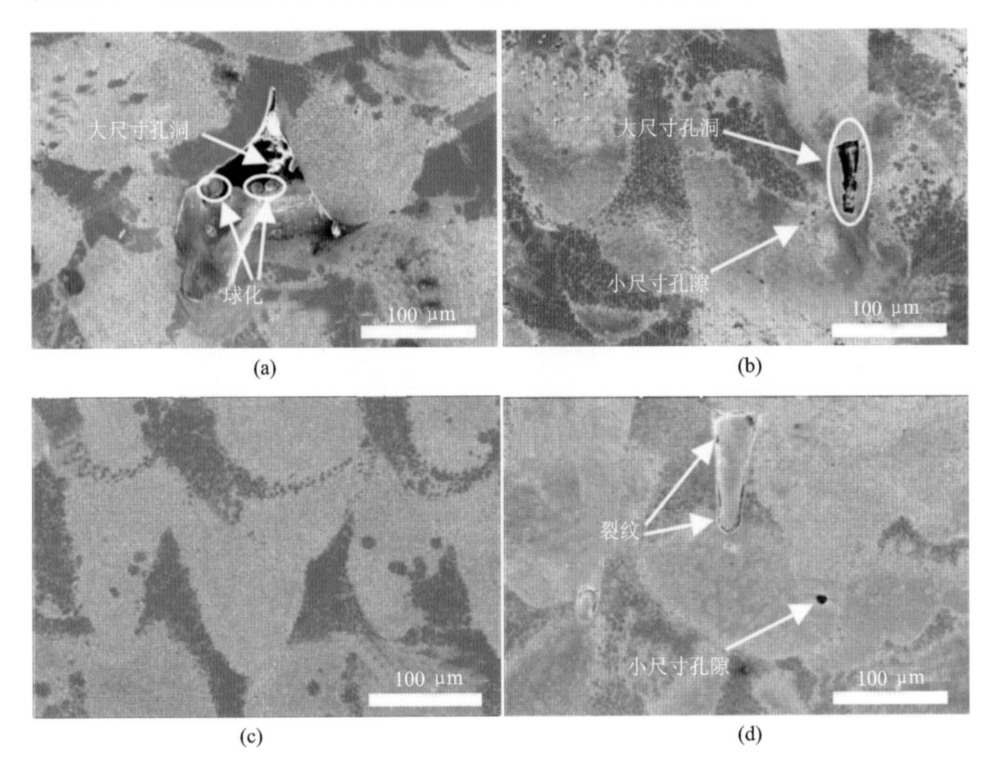

图 2.55　不同激光能量密度 E 下 SLM 成形试样 YZ 面典型形貌

(a) $E=38.9$ J/mm^3；(b) $E=46.7$ J/mm^3；

(c) $E=66.7$ J/mm^3；(d) $E=103.7$ J/mm^3

粉末颗粒受激光辐照后形成微熔池，微熔池道相互搭接，然后层层堆叠成三维实体零件，因此，单个微熔池是成形零件的基本单元，影响微熔池形貌的主要因素包括：高温金属熔体的黏度、润湿性及液相-固相流体学特性等。在 SLM 微熔池中，液相黏度 μ 与温度 T 的关系可简单表示为

$$\mu=\frac{16}{15}\sqrt{\frac{m}{k_{\mathrm{B}}T}}\gamma \tag{2-6}$$

式中：m 为原子质量；k_{B} 为 Boltzmann 常数；T 为温度；γ 为液相的表面张力。

在相对较低的激光能量密度 E 作用下，由于每层粉末床吸收的激光能量不足，进而使得粉末熔融不完全以及熔池中液相的温度 T 较低，根据式(2-1)，熔池中液相的黏度 μ 较高，同时 TiB_2 熔点为 2980 ℃，具有良好的高温热稳定性，微熔池形成时大尺寸的 TiB_2 颗粒不会被分解，而是保留在 S136 模具钢熔体内，从而显著增加了熔池内液态金属的黏度，造成液态金属流动性不足；此外，由于 SLM 成形过程的瞬时性，液相的冷却速度极快(为 $10^6 \sim 10^7$ K/s)，使得熔池中的液相难以有效扩展，所以成形试样最终出现了明显的大尺寸残余孔洞及球化现象，严重降低了试样的致密度。随着 E 不断增加，微熔池内液相黏度 μ 逐渐降低，液相润湿性得到一定改善，从而提高了 SLM 成形试样的致密度(见图 2.56)。然而，在过高的激光能量密度 E 下，由于粉层吸收过多的激光能量，虽然液相黏度 μ 降低，但是液相过热导致熔池不稳定，SLM 成形试样出现较大的残余热应力和微裂纹，试样的致密度降低。

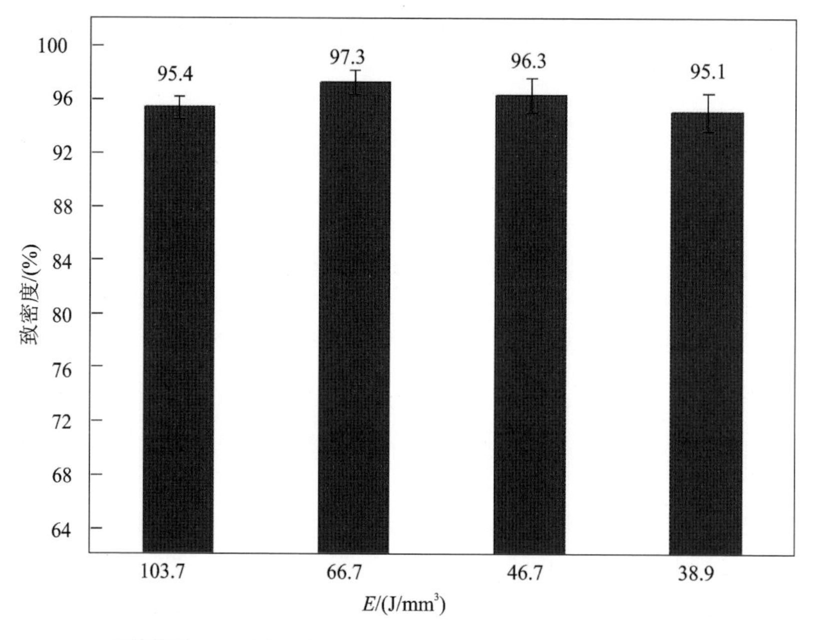

图 2.56　不同激光能量密度 E 下 SLM 成形试样的致密度

图 2.57 为不同激光能量密度 E 下 SLM 成形试样 XY 面显微组织，可以看出 SLM 成形试样的组织为等轴晶，且当激光能量密度 E=66.7 J/mm^3 时，SLM 成形试样具有最均匀、细小的组织(见图 2.57(c))。当 E 相对较低时，液相流动性不足，基体 S136 和 TiB_2 间的润湿性较差，导致 TiB_2 异质形核过程受到阻碍，故晶粒相对粗大(见图 2.57(a)和(b))；随着 E 增加至 66.7 J/mm^3，S136 和 TiB_2 间的润湿性得到提高，TiB_2 异质形核较易发生，因此，细化晶粒效果明显，从而形成均匀、细化的等轴晶组织(见图 2.57(c))；当 E 为 103.7 J/mm^3 时，激光能量过高，产生较大的液体过热度，使晶粒变得粗大(见图 2.57(d))。

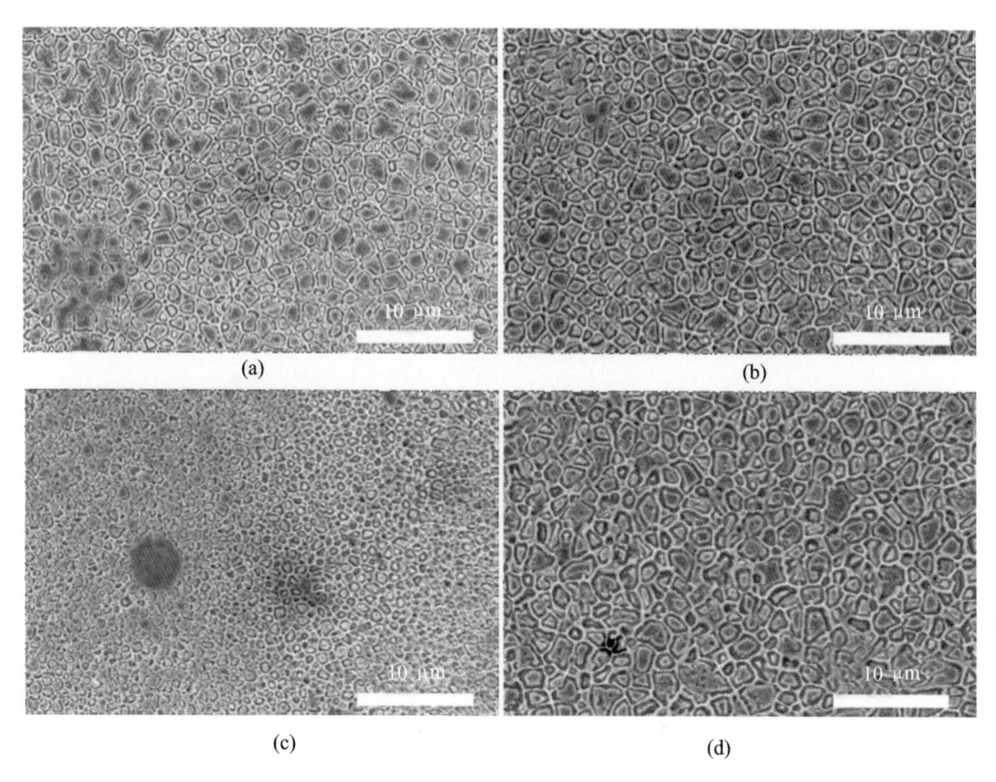

图 2.57　不同激光能量密度 E 下 SLM 成形试样 XY 面显微组织

(a)E=38.9 J/mm^3;(b)E=46.7 J/mm^3;(c)E=66.7 J/mm^3;(d)E=103.7 J/mm^3

图 2.58 为不同激光能量密度 E 下 SLM 成形试样 XY 面显微组织(高倍)及晶界处和基体 EDS 元素成分,由图可以发现,TiB_2 形成环状结构分布于基体晶界。当激光能量密度 E 过低时,TiB_2 环状结构不连续且厚度不均匀(见图 2.58(a)和(b));当 E 增加至 66.7 J/mm^3 时,TiB_2 环状结构均匀细化且分布连续(见图 2.58(c));当 E 过高,为 103.7 J/mm^3 时,TiB_2 环状结构较为粗大(见图 2.58(d))。在 SLM 成形过程中,S136 熔体和 TiB_2 增强颗粒组成的熔池中心和边缘之间存在较大温度梯度,进而诱发表面张力梯度和 Marangoni 对流,Marangoni 对流进而又会产生刺激液相流动的毛细作用力。当毛细作用力施加给非球形的 TiB_2 颗粒时,由于 TiB_2 颗粒中心不对称,便会存在扭矩,从而为 TiB_2 颗粒在熔池中的重新分布提供了动力,最终形成 TiB_2 环状结构。这种毛细作用力的强度由因温度梯度产生的 Marangoni 对流所决定。因此,当激光能量密度 E 过低时,激光能量不足,熔池中心和边缘温度梯度较小,极大地削弱了毛细作用力强度,进而阻碍了 TiB_2 颗粒在熔池中的重新分布,故 TiB_2 环状结构最终在基体晶界处分布不连续且厚度不均匀(见图 2.58(a)和(b));随着 E 进一步增加至 66.7 J/mm^3 时,激光能量充足,温度梯度得到提高,毛细作用力增强,有助于 TiB_2 颗粒在熔池中的重新分布,使得 TiB_2 环状结构均匀细化且连续分布于基体晶界(见图 2.58(c));过高的 E 会导致

熔池严重的热量积累从而促进晶粒生长，造成 TiB_2 环状结构粗大(见图2.58(d))。任选图 2.58(c)中的晶界和基体进行 EDS 元素成分分析，如区域 1 和 2 所示。由此对比图 2.58(e)、(f)的元素分布情况，可以发现晶界处的 Ti 元素和 B 元素明显高于基体，推断说明环状结构为 TiB_2。进一步，根据图 2.59，激光体能量密度 $E=66.7\ J/mm^3$ 时 SLM 成形试样的 TEM 形貌，可以看出 SLM 成形试样的显微组织为均匀细化的等轴晶(见图 2.59(a))，与图 2.58(c)的结果一致。此外，可清晰地观察到 TiB_2 颗粒均匀分布于基体晶界(见图 2.59(b))。

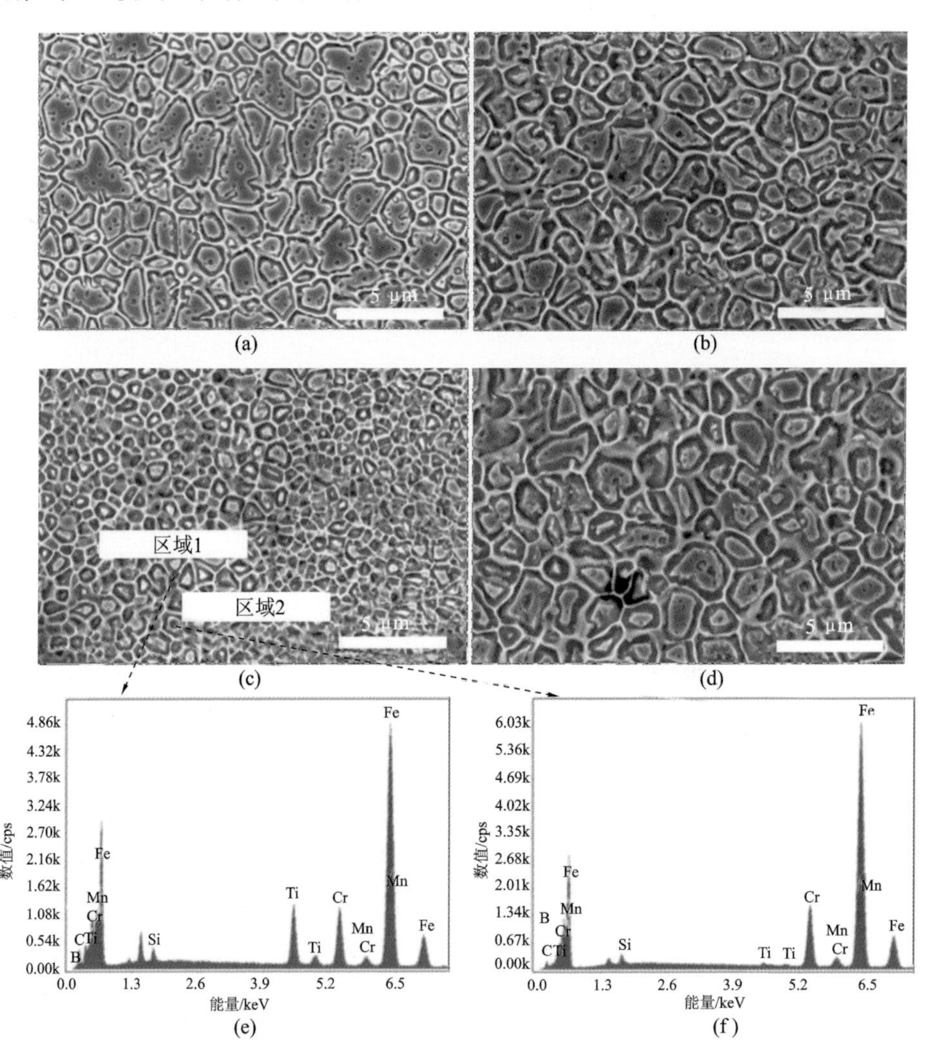

图 2.58 不同激光能量密度 E 下 SLM 成形试样 XY 面显微组织(高倍)及 EDS 元素成分

(a)$E=38.9\ J/mm^3$；(b)$E=46.7\ J/mm^3$；(c)$E=66.7\ J/mm^3$；

(d)$E=103.7\ J/mm^3$；(e)晶界处；(f) 基体

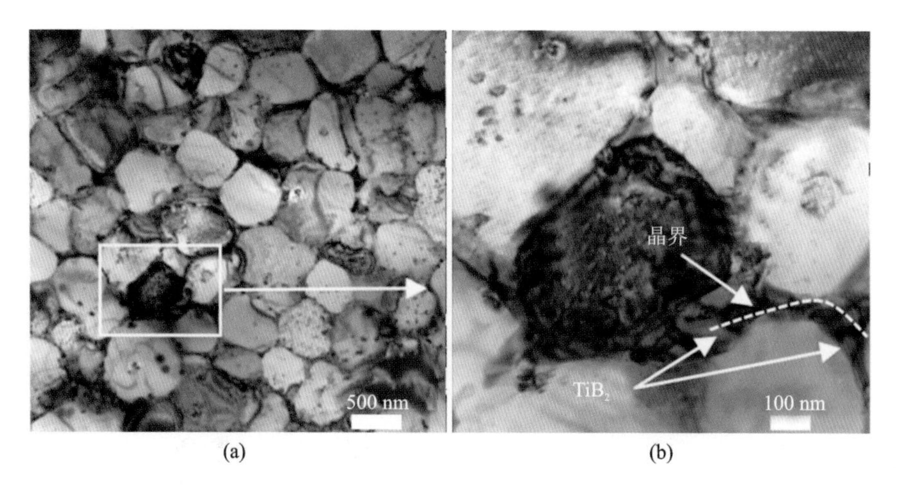

图 2.59　激光能量密度 E=66.7 J/mm³ 时 SLM 成形试样 TEM 形貌

不同激光能量密度 E 下 SLM 成形试样的维氏硬度如图 2.60 所示，SLM 成形试样 XY 面的维氏硬度均比 YZ 面的维氏硬度高，这与 SLM 成形过程各向异性有关。当激光体能量密度 E 过低时，由于试样存在大量的大尺寸残余孔隙以及粗大的晶粒，维氏硬度在 500～550 HV0.1 之间；当 E 增加至 66.7 J/mm³ 时，维氏硬度提高至 742.4 HV0.1，与 SLM 成形纯 S136 模具钢相比，维氏硬度提升了 7.9%，强化效果主要归功于 TiB_2 细化基体晶粒及强化晶界的作用；另外，均匀细化的 TiB_2 环状结构同时起到传递载荷的作用；随着 E 进一步增加至 103.7 J/mm³ 时，过多的热量积累促进晶粒生长，造成晶粒及 TiB_2 环状结构粗大，维氏硬度降至 616.8 HV0.1。

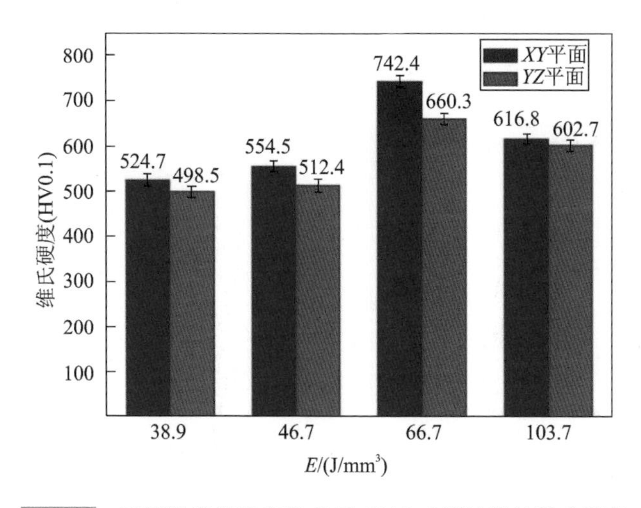

图 2.60　不同激光能量密度 E 下 SLM 成形试样的维氏硬度

表 2.6 为不同激光能量密度 E 下 SLM 成形试样的平均摩擦系数及磨损率。

可以看出，当激光能量密度 E 相对较低时，试样存在大量的冶金缺陷，且因维氏硬度较小，导致试样的平均摩擦系数及磨损率达到最大，分别为 0.6147 和 $1.254\times10^{-4}\ mm^3/(N\cdot m)$；随着激光能量密度 E 的不断增加，试样的平均摩擦系数及磨损率均降低，且当 $E=66.7\ J/mm^3$ 时，试样的平均摩擦系数和磨损率均达到最小，分别为 $0.5593\times10^{-4}\ mm^3/(N\cdot m)$ 和 $0.272\times10^{-4}\ mm^3/(N\cdot m)$，主要得益于维氏硬度的提高及均匀细化的 TiB_2 环状结构在晶界处的强化作用；当 E 进一步增加至 $103.7\ J/mm^3$ 时，试样的平均摩擦系数及磨损率逐渐上升，这与试样存在微裂纹及维氏硬度下降有关。图 2.61 所示为不同激光能量密度 E 下 SLM 成形试样磨损表面微观形貌，可以看出，当 E 较低时，因试样残余孔隙较多，试样在反复摩擦中，孔隙不断扩展，造成材料发生了严重的剥落和分裂（见图 2.61(a) 和 (b)）；随着 E 的增加，SLM 成形试样致密度显著提高，显微组织均匀、细化，且 TiB_2 颗粒与 S136 基体良好的界面结合以及 TiB_2 颗粒强化晶界效果，提高了基体抵抗 Si_3N_4 球压入的能力，从而极大改善了试样耐磨性，试样仅发生了少量的磨损和剥落（见图 2.61(c)）；当 E 过高时，试样晶粒粗化以及存在微裂纹，材料在反复摩擦中裂纹不断扩展，使得试样发生了比较严重的分层和剥落（见图 2.61(d)）。

表 2.6　不同激光能量密度下 SLM 成形试样的平均摩擦系数和磨损率

能量密度/(J/mm^3)	平均摩擦系数	磨损率/($\times10^{-4}\ mm^3/(N\cdot m)$)
38.9	0.6147	1.254
46.7	0.6001	1.235
66.7	0.5593	0.272
103.7	0.5896	1.146

图 2.61　不同激光能量密度 E 下 SLM 成形试样磨损表面微观形貌

(a) $E=38.9\ J/mm^3$；(b) $E=46.7\ J/mm^3$；(c) $E=66.7\ J/mm^3$；(d) $E=103.7\ J/mm^3$

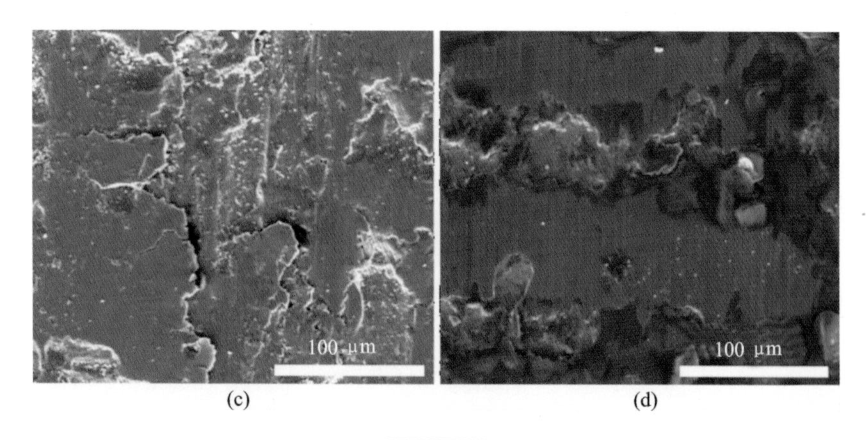

续图 2.61

图 2.62 为不同激光能量密度 E 下 SLM 成形试样的拉伸性能。可见，激光能量密度 E 对 SLM 成形试样的拉伸性能有显著影响。当 E 较低时，试样致密度低，残余孔隙多，在加载过程中，沿着孔隙断裂，抗拉强度仅为 816.2 MPa，仍超过未增强的 S136 的抗拉强度(768.3 MPa)；随着 E 的增加，试样抗拉强度逐渐提高，这与试样致密度提高相关；当 E=66.7 J/mm^3 时，试样抗拉强度为 1051.3 MPa，提高了 28.8%，得到明显提升；随着 E 继续增加至 103.7 J/mm^3 时，试样抗拉强度急剧下降至 897.5 MPa。拉伸试样的断口形貌如图 2.63 所示。E=66.7 J/mm^3 时，TiB_2 增强效果明显，试样断口缺陷少(见图 2.63(a)～(c))，存在韧窝(见图2.63(d))，故抗拉强度大，且延伸率为 5.84%，塑性相对较好；当 E 较低，取38.9 J/mm^{3}时，试样断口存在大量的孔隙及裂纹(见图 2.63(e)～(g))，故抗拉强度低，且断裂面呈典型的阶梯河流状(见图 2.63(h))，延伸率仅为 3.56%，塑性较差。

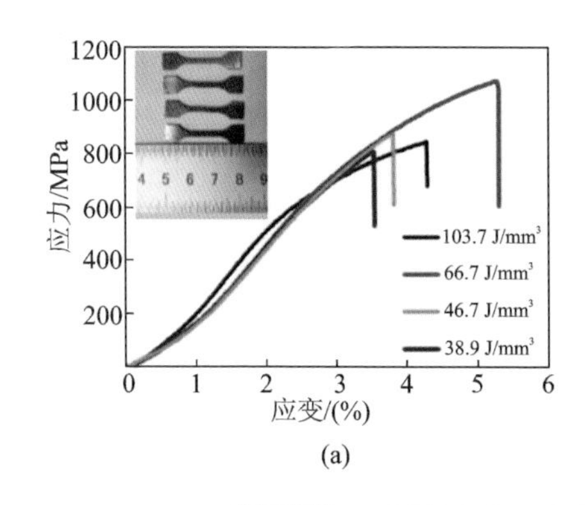

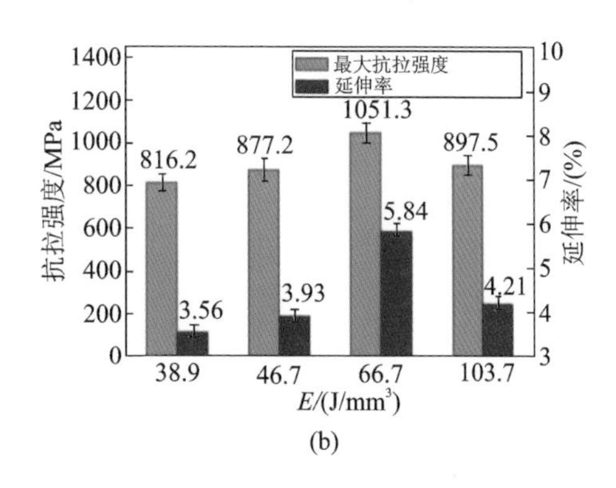

图 2.62 不同激光能量密度 E 下 SLM 成形试样的拉伸性能

(a)应力-应变曲线；(b)抗拉强度和延伸率

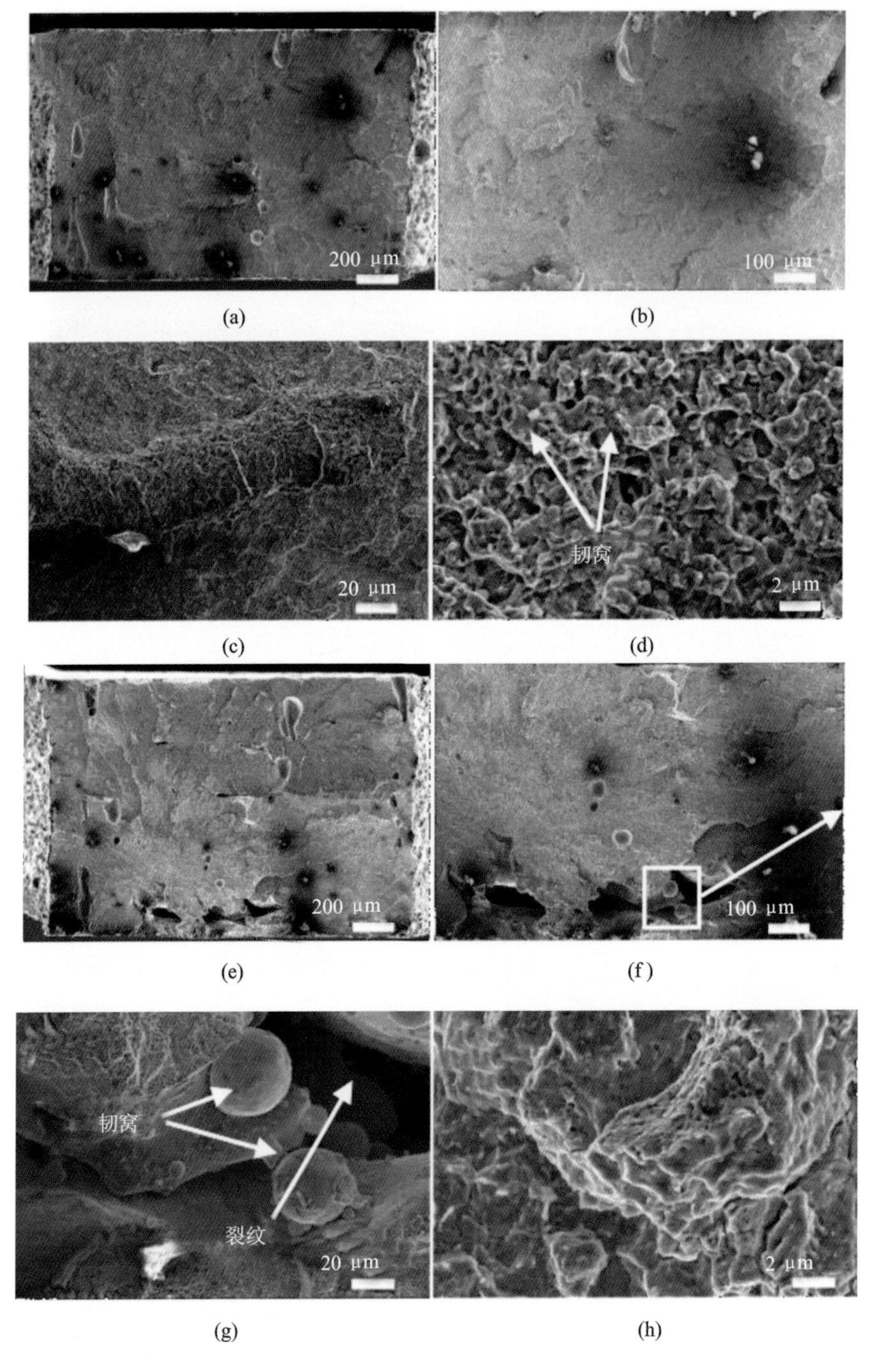

图 2.63　不同激光能量密度 E 下 SLM 成形试样的拉伸断口形貌

(a)(b)(c)(d) E=66.7 J/mm^3;(e)(f)(g)(h) E=38.9 J/mm^3

2.2　钛基复合材料

2.2.1　TiB_2/Ti6Al4V 复合材料

在本研究中，原材料 Ti6Al4V 粉末颗粒平均粒径为 37.3 μm，粉末形貌呈现球形或近球形；原材料 TiB_2 粉末颗粒平均粒径为 2.71 μm，粉末呈现不规则的形状。对两种材料进行机械混粉，使其分布均匀。利用 SLM 技术成功制备出纳米级 TiB_2 颗粒增强 Ti6Al4V 复合材料，通过 SEM、XRD、TEM 等来观察并分析其微观表面形貌、相组成成分、微观组织结构。研究表明加入的 TiB_2 颗粒在 SLM 成形过程中转变为随机分布在 Ti 基体中的针状 TiB，在相同 SLM 工艺条件下，随着 TiB_2 含量的增加，其形貌逐渐由针状变为粗粒状并团聚，并且制件的维氏硬度则随 TiB 含量的增加而增加。纳米压痕分析表明 TiB 体积分数较高的试样比无 TiB 的试样具有更高的维氏硬度。复合材料的摩擦系数随着 TiB 含量的增加持续下降，表明其耐磨性增强。

1. 不同含量 TiB_2/Ti6Al4V 复合材料

基于阿基米德法来测量 SLM 成形件的致密度，不同含量的 TiB_2 颗粒增强 Ti6Al4V 复合材料的致密度如图 2.64 所示。可以发现，所有不同含量的 TiB_2 复合粉末其致密度很相近，都在 96%～97%区间内，纯 Ti6Al4V 粉末的致密度较低，为 95%，添加 TiB_2 的 Ti6Al4V 复合材料的致密度并没有显著提高。

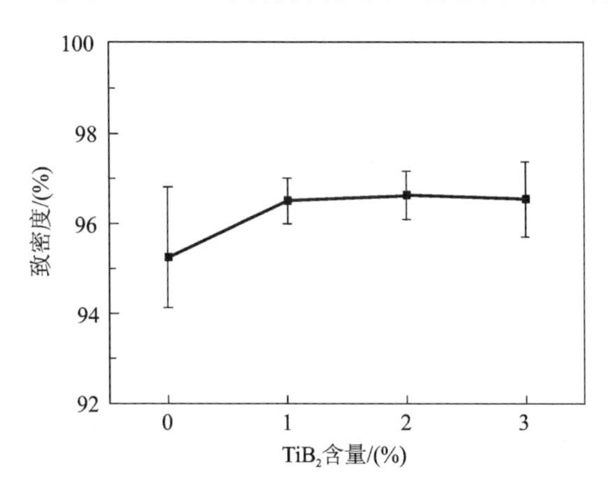

图 2.64　不同含量 TiB_2 的 Ti6Al4V 复合材料的致密度

图 2.65 显示的是金相显微镜下观察到的不同含量 TiB_2 颗粒复合粉末样品的横截面图，纯 Ti6Al4V 成形样品的熔池相比较添加 1%、2%和 3% TiB_2 复合材料更加难以观察到。在这些样品中能看到一些椭圆形状的孔，规则形状的孔洞可能是由于材料的汽化和液体表面产生的表面张力所致，钛易氧化的特性使得复合粉末上存在的氧化物在熔池凝固过程中可能导致气孔。在复合材料表面观察到深 V 形熔池，中间部分存在气孔，证明其为小孔效应。气孔对材料的力学性能有着至关重要的影响。通过适当的热处理可以解决小气孔和微裂纹的问题。所有样品的孔隙率都相似，没有可见的裂纹，说明 TiB_2 的加入对材料的孔隙率没有显著影响，这取决于选定的 SLM 工艺参数。

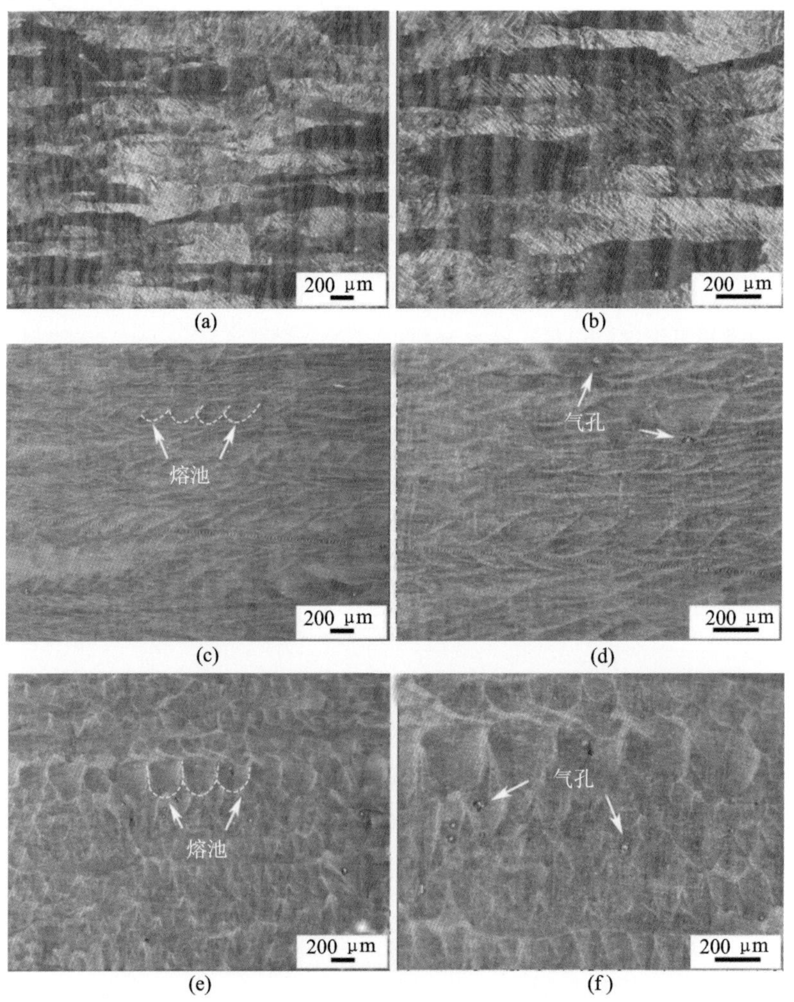

图 2.65　不同 TiB_2 含量颗粒复合材料样品的横截面金相图

(a)(b)纯 Ti6Al4V；(c)(d)1% TiB_2；(e)(f)2% TiB_2；(g)(h)3% TiB_2

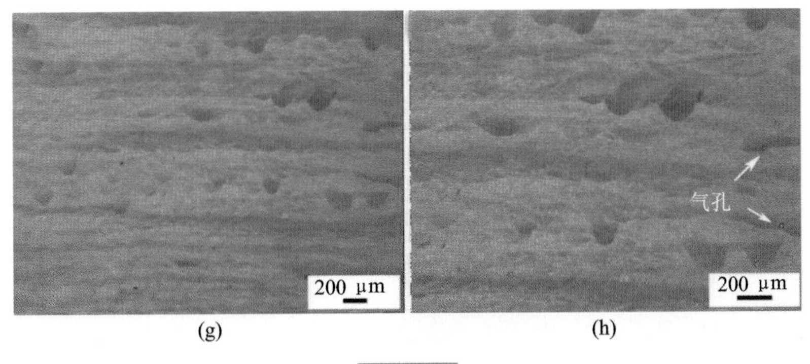

(g) (h)

续图 2.65

图 2.66 所示为纯 Ti6Al4V、1% TiB_2、2%TiB_2 和 3% TiB_2 复合材料的微观组织。微观观察显示所有的样品包含 TiB 增强相，其方向可能是随机的。在一些区域可以观察到片状结构，然而纯 Ti6Al4V 内部组织的薄片状结构比含 TiB 样品的多。TiB 增强呈现晶须和针状，且随机分布在 β 相和晶粒边界处。相比纯 Ti6Al4V 样品，不同含量 TiB 的样品中的 α 和 β 板条更短，并且 α 板条是更宽的。这是 TiB 结构的发展导致的。可以观察到，随着 TiB_2 的增加，在复合材料中有更多的针状 TiB 的分布。

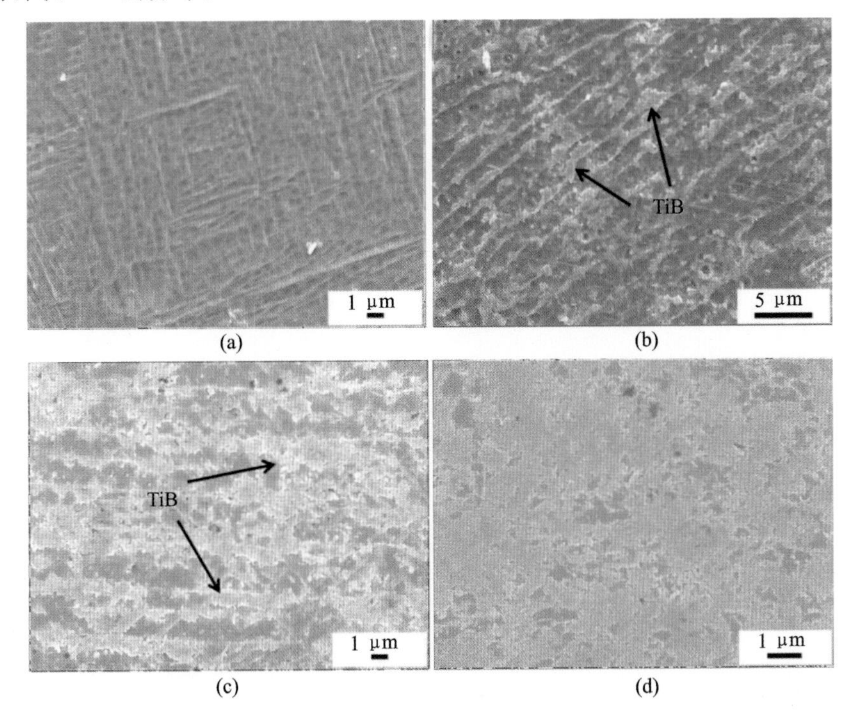

(a) (b) (c) (d)

图 2.66 不同 TiB_2 含量的 Ti6Al4V 复合材料的 SEM 图

(a)纯 Ti6Al4V；(b)1%TiB_2；(c)2%TiB_2；(d)3% TiB_2

图 2.67(a)是高倍放大后复合材料微观组织的 SEM 图,可以发现有一些 TiB 簇的集中分布。这可能是由于较多 TiB 晶须成核导致的。晶须簇具有应力集中点和裂纹形核点的作用。能谱仪对针状 TiB 复合材料样品进行点分析。在复合材料的晶须中两个位置的 B 和 Ti 的含量展示在图 2.67(b)中。结果显示,单个晶须和团簇晶须都是由 TiB 形成的。

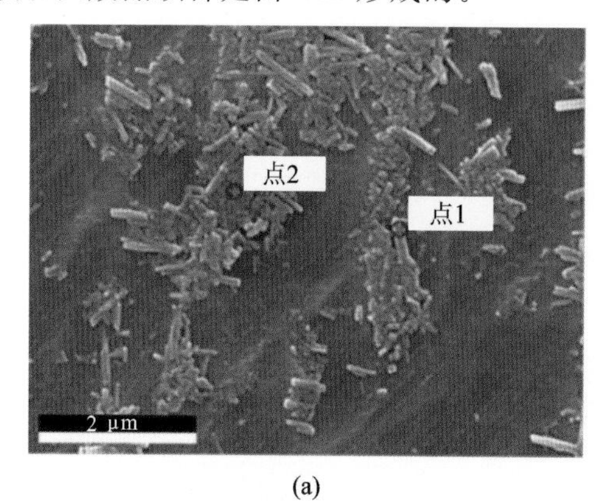

(a)

元素	原子分数/(%)	
	单个晶须	团簇晶须
B	21	35.84
Ti	68.3	55.05

(b)

图 2.67 高倍放大后复合材料的 SEM 图与 EDS 分析结果

(a)复合微结构的 SEM 显微照片;(b)样品表面的 EDS 分析结果

图 2.68 为添加 3% TiB_2 的 Ti6Al4V 中 SLM 制备的复合材料的 TEM 图,纵截面的 TEM 图表明针状的 TiB 颗粒嵌入在薄片状的 α-Ti 晶粒的基底上。此外,硼的存在降低了马氏体的相变温度,因此,复合材料的基底为 α-Ti。

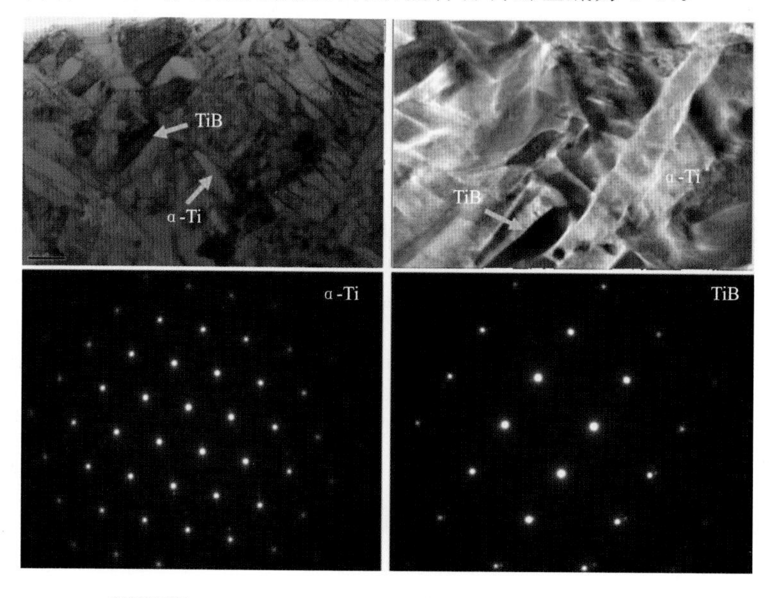

图 2.68 TiB_2/Ti6Al4V 复合材料的 TEM 微观结构图

图 2.69 所示为 SLM 制备样品的 XRD 结果分析图。可以观察到，所有的样品 XRD 相成分分析中都有 α-Ti 相，且除纯 Ti6Al4V 外都显示有 TiB 相的峰。说明在 SLM 过程中添加的 TiB_2 和基体的 Ti 发生原位反应生成 TiB。不同 TiB_2 含量的复合材料在 XRD 中都显示出相类似的强度。随着 TiB_2 含量的增加 TiB 峰强度略有增强。

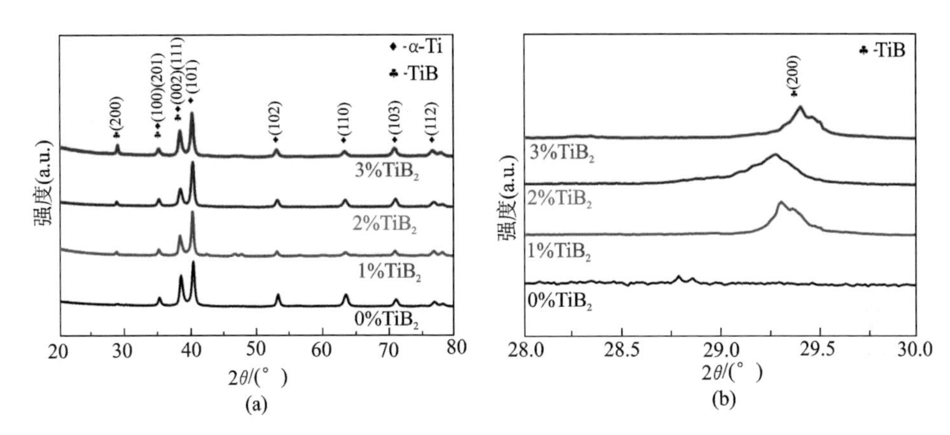

图 2.69　不同含量 TiB_2 的 Ti6Al4V 复合材料 SLM 成形的 XRD 图

图 2.70 所示为 TiB /Ti6Al4V 复合材料的维氏硬度。通过添加不同含量的 TiB_2 颗粒形成 TiB/Ti6Al4V 复合材料，可以观察到，随着 TiB_2 颗粒百分数的增加，试样的硬度增加。纯 Ti6Al4V 样品的硬度为 320 HV，含 1%、2% 和 3% 的 TiB_2 的复合粉末分别为 400 HV、420 HV 和 435 HV。纯 Ti6Al4V 粉末制备的试样硬度值最小，3% TiB_2 颗粒增强的复合材料硬度值最大值。因此，含有 TiB_2 粉末制备出来的样品有最高的硬度值，原因在于 B 的存在对 Ti 有细化晶粒作用。另外可以看出，在 SLM 过程中，材料各向异性和扫描策略引起的表面和截面硬度值差别不大。

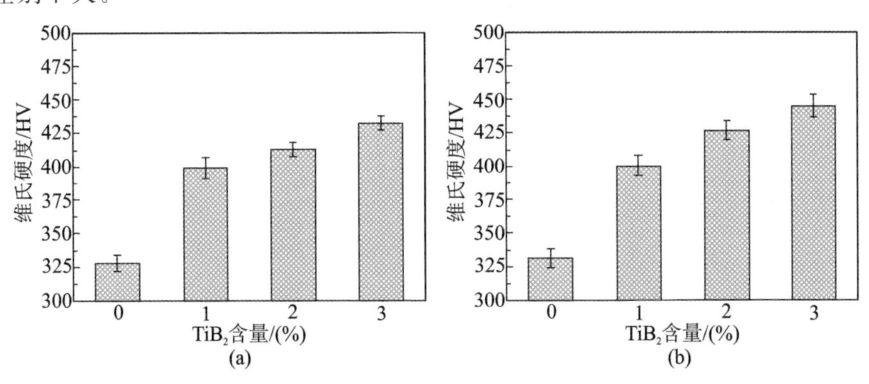

图 2.70　不同含量 TiB_2/Ti6Al4V 的维氏硬度

(a)表面；(b)纵截面

为了验证随机分布的 TiB 增强的特征区域，对样品进行了纳米压痕测试，包括钛基基底含有 1%、2%和 3% TiB_2 颗粒的复合材料和纯 Ti6Al4V 粉末制备的样品，这些都含有针状马氏体结构。不同含量 TiB_2 的复合材料的负载穿透深度曲线展示在图 2.71(a)中。曲线可以分成三个部分：加载区间、最大负载时的持续时间和空载区间。能够观察到当 TiB_2 含量增加时，获得的最大穿透深度在加载末期降低，如图 2.71(a)所示。纯 Ti6Al4V 粉末制备的样品纳米硬度值最小，为 4.38 GPa；由于分散在钛基体上的 TiB 颗粒产生的硬化效应，1%、2%和 3% TiB_2 颗粒复合材料样品的纳米硬度值分别为 5.53 GPa、5.8 GPa和 6 GPa。杨氏模量的结果也可以从图 2.71(b)中得出，由于 TiB_2 含量增加，TiB 含量也随之增加，杨氏模量值的区间为 131.34～143.1 GPa，这是由于 TiB 颗粒在复合材料中的强化效应引起的。

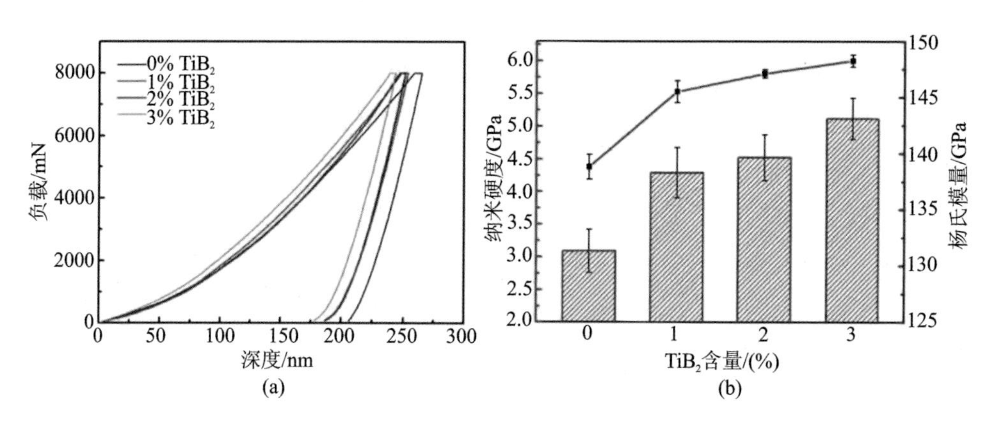

图 2.71 不同含量 TiB_2 的复合材料的负载穿透深度曲线、纳米硬度和杨氏模量

(a)负载穿透深度曲线；(b)纳米硬度和杨氏模量

SLM 制备的 TiB/Ti6Al4V 复合材料为随机分布非连续增强，其刚度模量 E_c 可以根据以下公式获得：

$$E_c = E_{TiB} V_{TiB} + E_{Ti6Al4V} V_{Ti6Al4V} \tag{2-7}$$

式中：E_{TiB} 为 TiB 的模量；V_{TiB} 为 TiB 颗粒的体积分数；$E_{Ti6Al4V}$ 为 Ti6Al4V 基底的模量；$V_{Ti6Al4V}$ 为 Ti6Al4V 基底的体积分数。

根据上述公式，Ti6Al4V 合金的模量为 113.8 GPa，TiB 的模量为 480 GPa，当 TiB 含量增加时，复合材料的弹性模量也随之增加，与实验结果相符。

如图 2.72 所示为 SLM 制备样品的摩擦磨损试验结果，纯 Ti6Al4V 样品摩擦系数最高，且随着 TiB_2 颗粒含量的增加，摩擦系数呈现降低的趋势。0%、1%、2%和 3% TiB_2 平均摩擦系数值分别为 0.44、0.39、0.36、0.35。3% TiB_2 的样品较纯 Ti6Al4V 样品，摩擦系数降低了 25.7%。摩擦系数曲线的磨损试验第一阶段逐渐增加，直到达到最高值。这种现象与“磨合期”有关，也与球板的表面粗糙度有关。磨合期后，随着 TiB 含量的增加，样品摩擦曲线系数更加平滑，稳定性也逐渐增加。

图 2.72(b)所示为 SLM 制备样品的磨损量。可以发现，随着 TiB 含量增加，磨损量逐渐减少，这符合摩擦磨损的实验结果。3%TiB_2的样品与纯 Ti6Al4V 样品相比，前者的磨损量是后者的一半。耐磨性的提高是硬度和晶粒细化共同作用的结果。

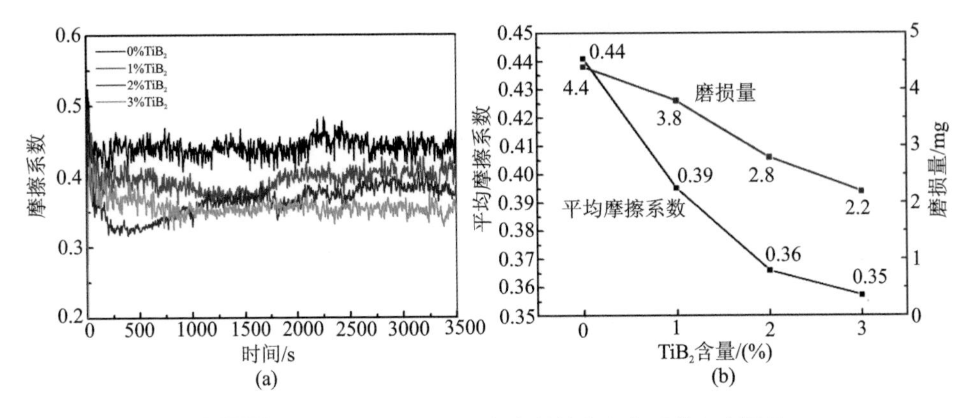

图 2.72　不同添加量的 TiB_2 复合材料的摩擦系数和磨损量

图 2.73 展示了典型的样品磨损表面。可以明显地看到，相比含 TiB 的复合材料样品，SLM 制备 Ti6Al4V 样品具有更深的摩擦痕迹和更高的分层程度。这是由于含 TiB 样品表面的硬度更高导致的。这个结果可由 Archard 磨损方程验证，材料的硬度值与摩擦消耗量成反比。因此，随着 TiB_2 含量在复合材料中增加，样品显示出更高硬度值和更低的塑性变形能力，导致更多的分层并去除更多材料。

图 2.73　不同添加量 TiB_2 试样磨损表面的 SEM 图(双箭头表示摩擦力方向)

(a)0%；(b) 1%；(c) 2%；(d) 3%

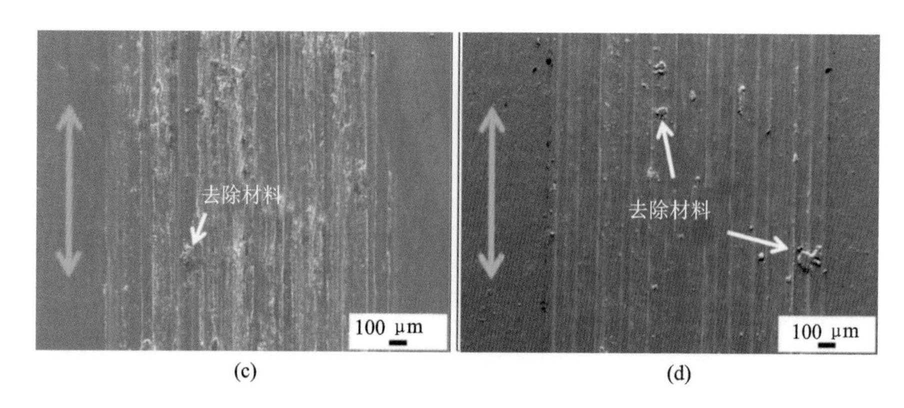

(c) (d)

续图 2.73

图 2.74 为用 3%的 TiB_2 制备的样品的磨损轨迹中不同点的 EDS 分析结果。可以观察到犁磨沟槽和脆性断裂等磨料磨损特性。在分层区域(点 1)和碎片表面(点 2)主要含 Ti、Al、V 和 O 元素。在磨损表面有较高的氧含量(35.3%,原子分数)证实氧化是 TiB/Ti6Al4V 主要的磨损机制。通过在接触面的往复运动和温度的增加,导致在材料表面的氧化反应。在分层区域发现有 Si 元素的存在,试验证明,在氮化硅陶瓷球与复合材料的试验中,发生了黏着摩擦磨损。

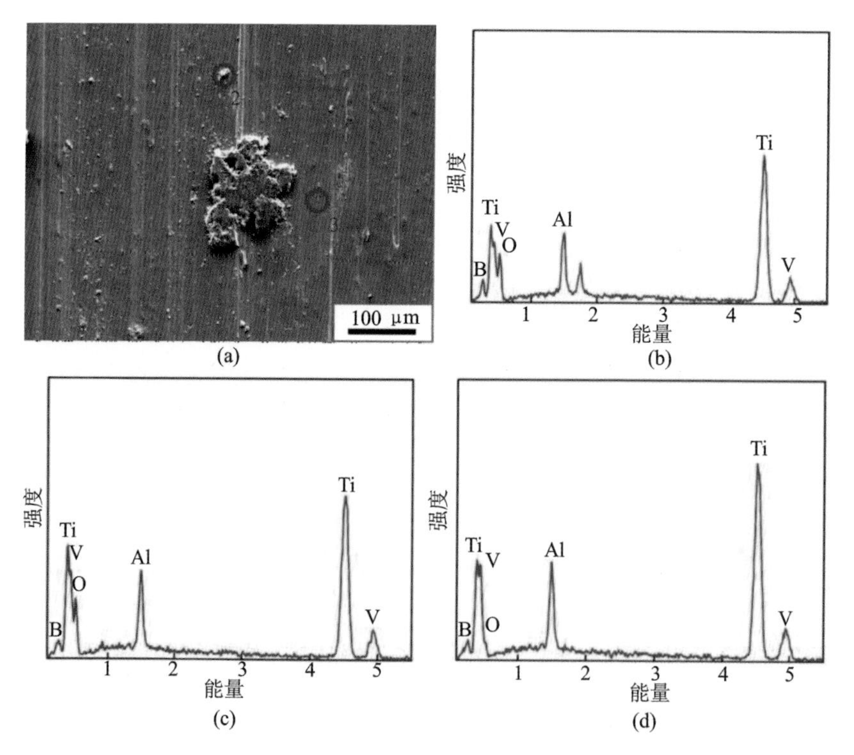

(a) (b) (c) (d)

图 2.74 3%TiB_2 样品的磨损轨迹中不同点的 EDS 分析结果

(a)磨损表面的 SEM 图;(b)(c)(d)EDS 中的点 1、点 2 和点 3 的能谱分析

图2.75为SLM制备的不同增强相含量的TiB/Ti6Al4V复合材料压缩实验结果。可以观察到，复合材料中加入TiB_2颗粒时，拉伸强度持续下降。含有0%、1%、2%和3% TiB_2颗粒的复合材料样品的拉伸强度分别是1994.57 MPa、1787.34 MPa、1762.64 MPa、1691.61MPa。然而，可以观察到，随着TiB_2颗粒含量的增加，所制备的样品的延伸率降低。含有0%、1%、2%和3% TiB_2颗粒的复合材料样品其延伸率分别为25.06%、23.11%、22.15%和21.26%。这是由于随着TiB颗粒的增加，分布在晶粒边界的晶须数量增多造成的，钛基体的连续恶化，不利于复合材料塑性的提高。

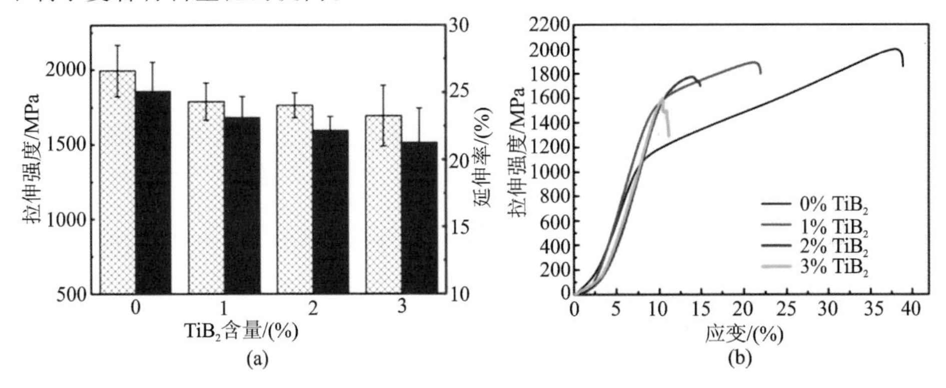

图2.75 不同含量TiB_2复合材料的拉伸强度和延伸率

需要指出的是，正常情况下，屈服强度随着TiB_2颗粒的增多而增强。然而，样品的内部缺陷如微孔等也可能影响测试结果。对于TiB_2含量较高的复合材料，材料倾向有较高韧度，导致高残余应力水平和动态微裂纹聚结。

图2.76(a)展示的是压缩试验后的样品。可以观察到，在试验过程中，0%的TiB_2样品只有塑性变形。由图2.76(b)～(d)看出，所有含有TiB颗粒的样品都具有韧性断口的特征，且2%和3%TiB_2含量的样品在断口表面有大量的裂纹，在测试中会加速样品的破坏。

图2.76 压缩实验后的样品图和SEM图

(a)压缩试验后的样品图；(b)～(d)含1%、2%、3% TiB_2复合材料的SEM图

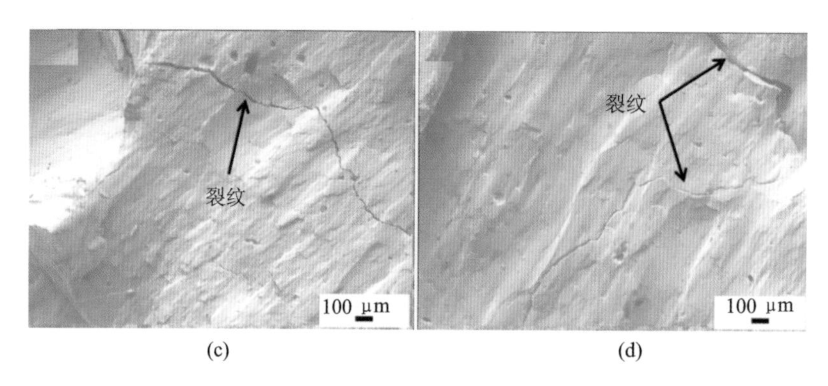

(c) (d)

续图 2.76

图 2.77 是 1% TiB_2 复合材料在断口表面不同点的 EDS 图。可以看出，相比较点 2 而言，点 1 和点 3 的 B 元素含量较高。在高 B 含量的区域可以观察到破碎的晶须。TiB 和钛基基体之间的界面结合很强，因此裂纹扩展平行于 TiB 晶须。

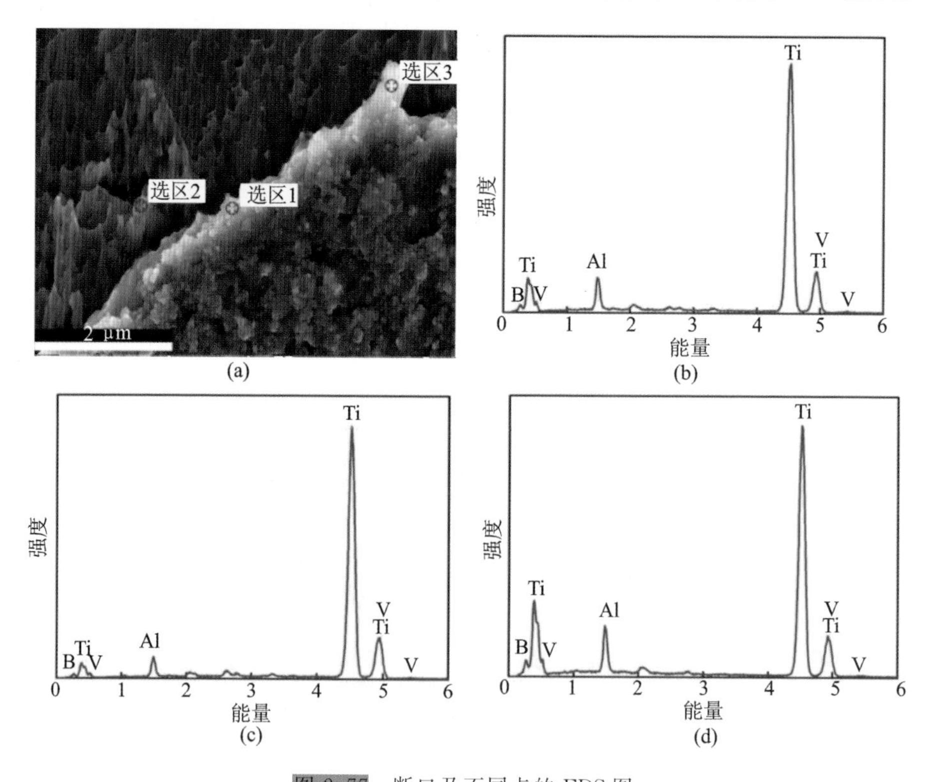

图 2.77　断口及不同点的 EDS 图

(a)断口表面的 SEM；(b)～(d)为点 1、2、3 的 EDS 分析图

2. 恒定功率 TiB_w/Ti6Al4V 复合材料

根据阿基米德法测量致密度，所有的样品都表现出 96%以上的平均致密度(见图 2.78)。

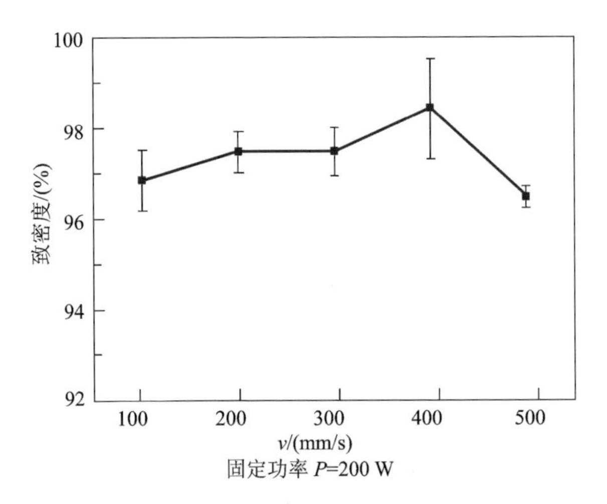

图 2.78 阿基米德法测量致密度

从图 2.79 所示的 XRD 分析可以看到衍射峰对应于 α-Ti 和 TiB。TiB_2 峰的缺失表明激光加工过程中 TiB_2 发生原位反应转化为 TiB。不同扫描速度下衍射峰显示出类似的强度。

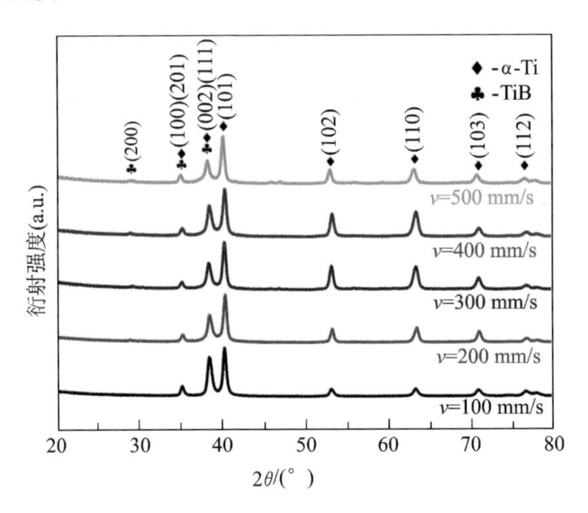

图 2.79 样品的 XRD 图谱

图 2.80 显示样品的表面和断面金相。扫描速度为 100 mm/s 时，过多的能量密度(250 J/mm^3)产生很多规则或不规则形状的小孔(见图 2.80(a))。规则形状的小孔更为常见，这可能是由于材料蒸发和表面张力对液体表面产生剪切力造成的。不规则形状的孔隙可能是应力集中点，可以通过观察孔隙形态来证明。当扫描速度为 200 mm/s 时，产生了均匀分布的以及体积更大的球形孔。钛对氧具有较高的灵敏度，这些孔隙可能是在熔池凝固过程中粉末的氧化引起的(见图 2.80(g))。当扫描速度为 300 mm/s 时，其截面上没有气孔，但表面有若干细小的球形孔。深 V 形的熔池形状和孔隙存在于部件中心这一特点证明这些小孔是由

于键孔效应引起的(见图 2.80(h))。扫描速度为 400 mm/s 时,键孔数量增加并且尺寸较 300 mm/s 的条件下更大,这些孔隙在表面和截面都存在。深 V 形状的熔池在这种情况下更加明显(见图 2.80(d)和(i))。本组样品的最高扫描速度 500 mm/s,未发现孔隙的产生,但是,在如此高的扫描速度下产生了水平和垂直方向的裂纹。这些裂纹是由于能量密度过低(50 J/mm^3)导致的不完全熔化和球化效应等连接问题而产生的。孔隙是影响材料力学性能的关键。通过适当的热处理,可以解决孔隙和微裂纹的问题。

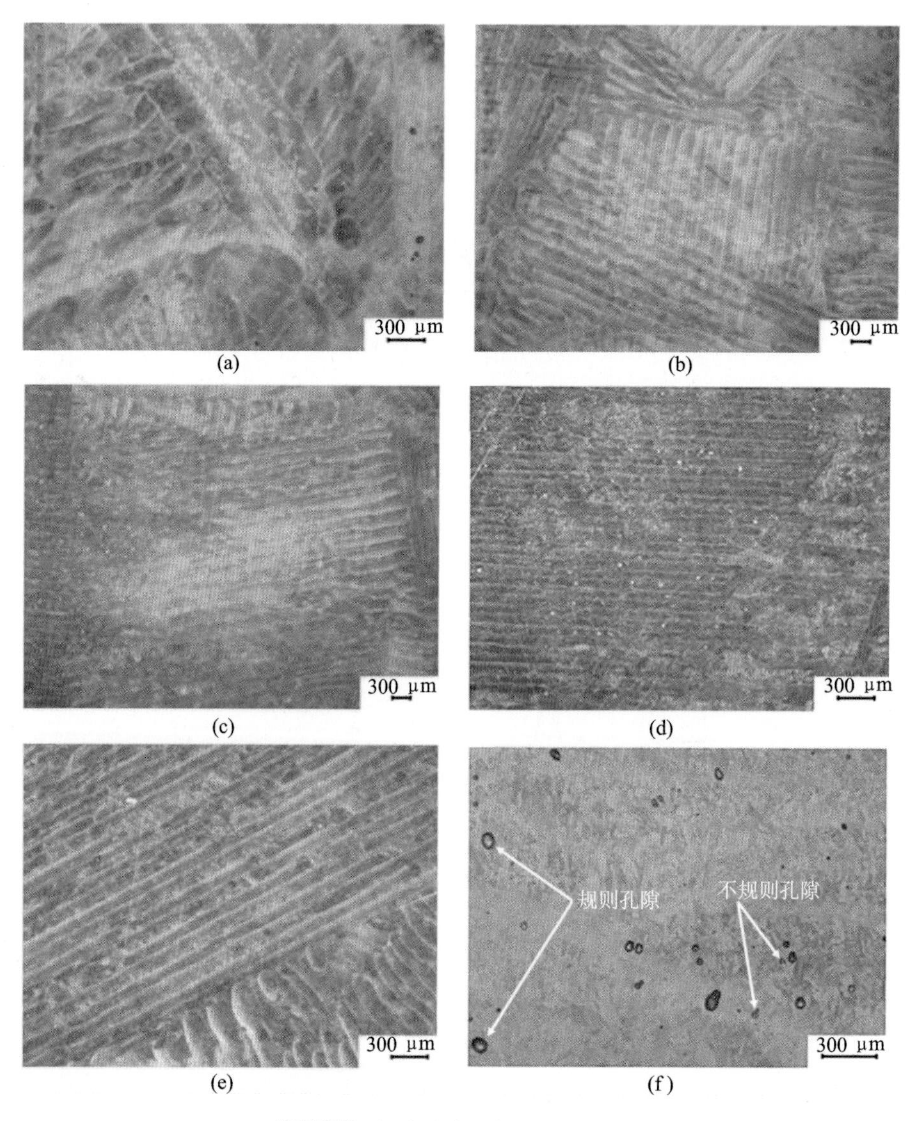

图 2.80 恒定功率下样品的金相图

表面:(a) 100 mm/s;(b) 200 mm/s;(c) 300 mm/s;(d) 400 mm/s;(e) 500 mm/s

截面:(f) 100 mm/s;(g) 200 mm/s;(h) 300 mm/s;(i) 400 mm/s;(j) 500 mm/s

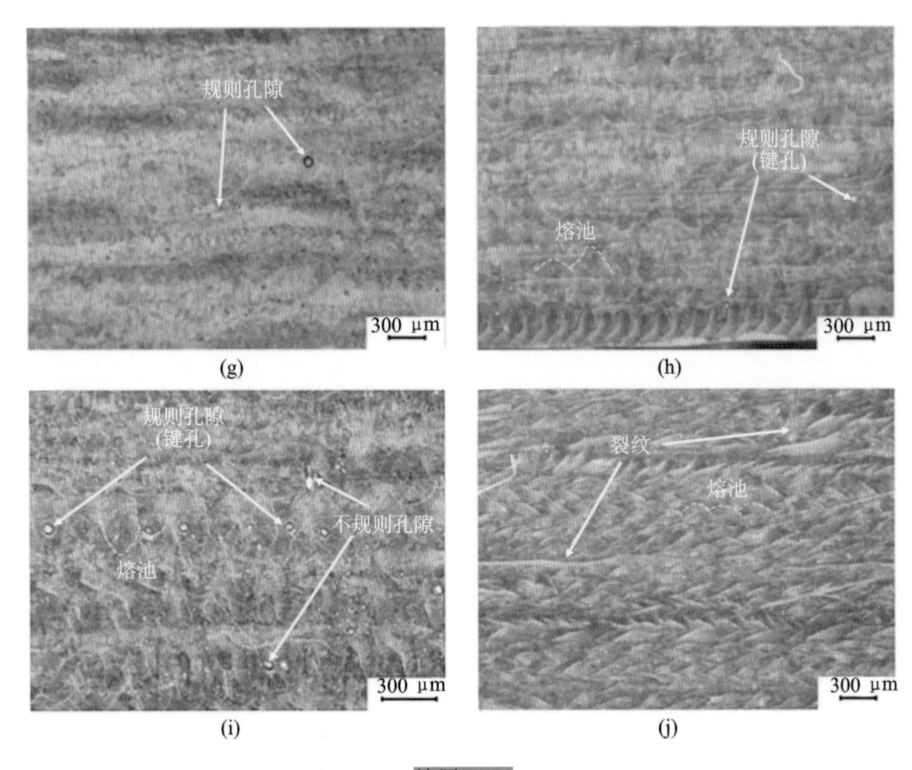

续图 2.80

为了研究微观组织的化学组成，进行了能量色散 EDS 分析。图 2.81 为复合材料的基体选区（选区 1）、强化晶须（选区 2）和团聚强化相（选区 3）的 EDS 结果。EDS 结果表明复合材料的基体仅含钛、铝和钒，含量几乎与原始材料相同。晶须状增强相的含量及其形态表明在凝固过程中发生原位反应使 TiB_2 变成 TiB_w。团聚强化相由宽度更小的 TiB_w 组成。

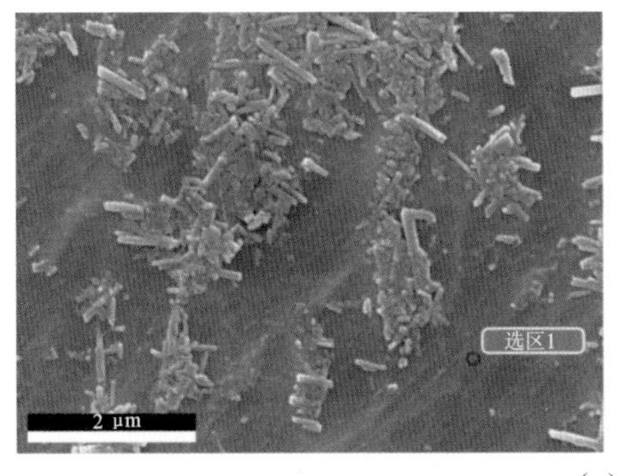

元素	质量分数/(%)	原子分数/(%)
AlK	6.22	10.56
TiK	88.81	84.97
VK	4.98	4.48

(a)

图 2.81　腐蚀截面 EDS 分析结果

(a)选区 1；(b)选区 2；(c)选区 3

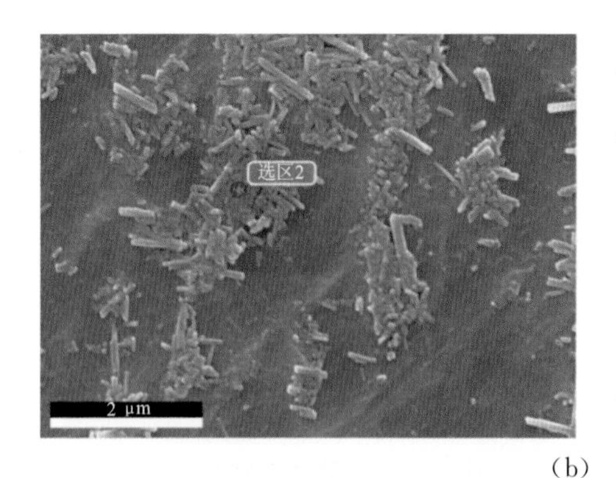

元素	质量分数/(%)	原子分数/(%)
BK	5.87	21.00
AlK	5.03	7.21
TiK	84.52	68.30
VK	4.58	3.48

(b)

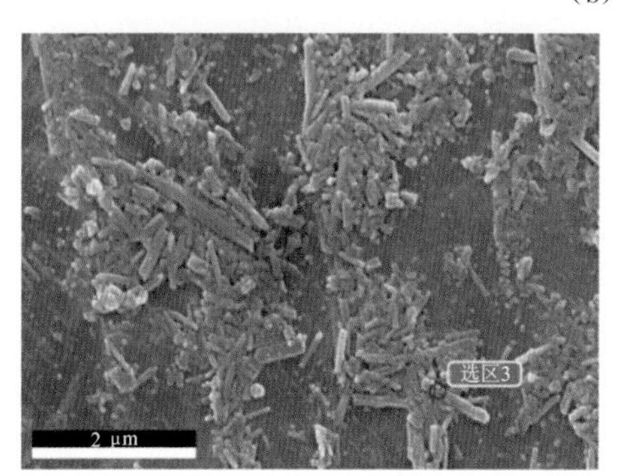

元素	质量分数/(%)	原子分数/(%)
BK	13.41	39.76
AlK	4.78	5.68
TiK	77.40	51.78
VK	4.41	2.77

(c)

续图 2.81

图 2.82 表示恒功率不同扫描速度下制备的 1%TiB/Ti6Al4V 复合材料。可以发现，Ti 基体中具有 $\alpha+\beta$ 的结构特点。针状 TiB 晶须分布在 Ti 基体中，其晶界表现为单个长晶须或小的针状团聚区域。随着扫描速度的增加，TiB 的团聚区域逐渐变大(见图 2.82(a)～(e))，而单个晶须的尺寸逐渐变小(见图 2.82(f)～(j))。扫描速度为 100 mm/s 时，晶须的总量少，但尺寸更长，最长达 2.5 μm。扫描速度为 200 mm/s 时晶须最长尺寸为 2 μm。当扫描速度为 300～400 mm/s，晶须长约 1 μm。最短的晶须发生在最高扫描速度下，其尺寸为 1 μm 且团聚严重。TiB 晶须大小的差异是由生长时间的长短不同造成的。由于 TiB 晶须在凝固过程中形成，在较低的扫描速度下有更多的时间来生长。

图 2.83 显示了维氏硬度检测结果。结果表明扫描速度最高时，无论是表面还是截面维氏硬度值均最高。这是由于低孔隙率引起的。尽管样品具有较多的气孔和孔洞，但在最低扫描速度下获得了第二高的维氏硬度，这是由于 TiB 晶须更大并且分布更均匀。当扫描速度为 200～400 mm/s 时维氏硬度最低。然而，400 mm/s 时截面维氏硬度稍高于表面维氏硬度。表面和截面维氏硬度之间的微小差异是由材料的各向异性和扫描策略引起的。对于低能量密度下制造的样品，它们的截面维氏硬度较高，而高能量密度的表面则表现出较高的维氏硬度。

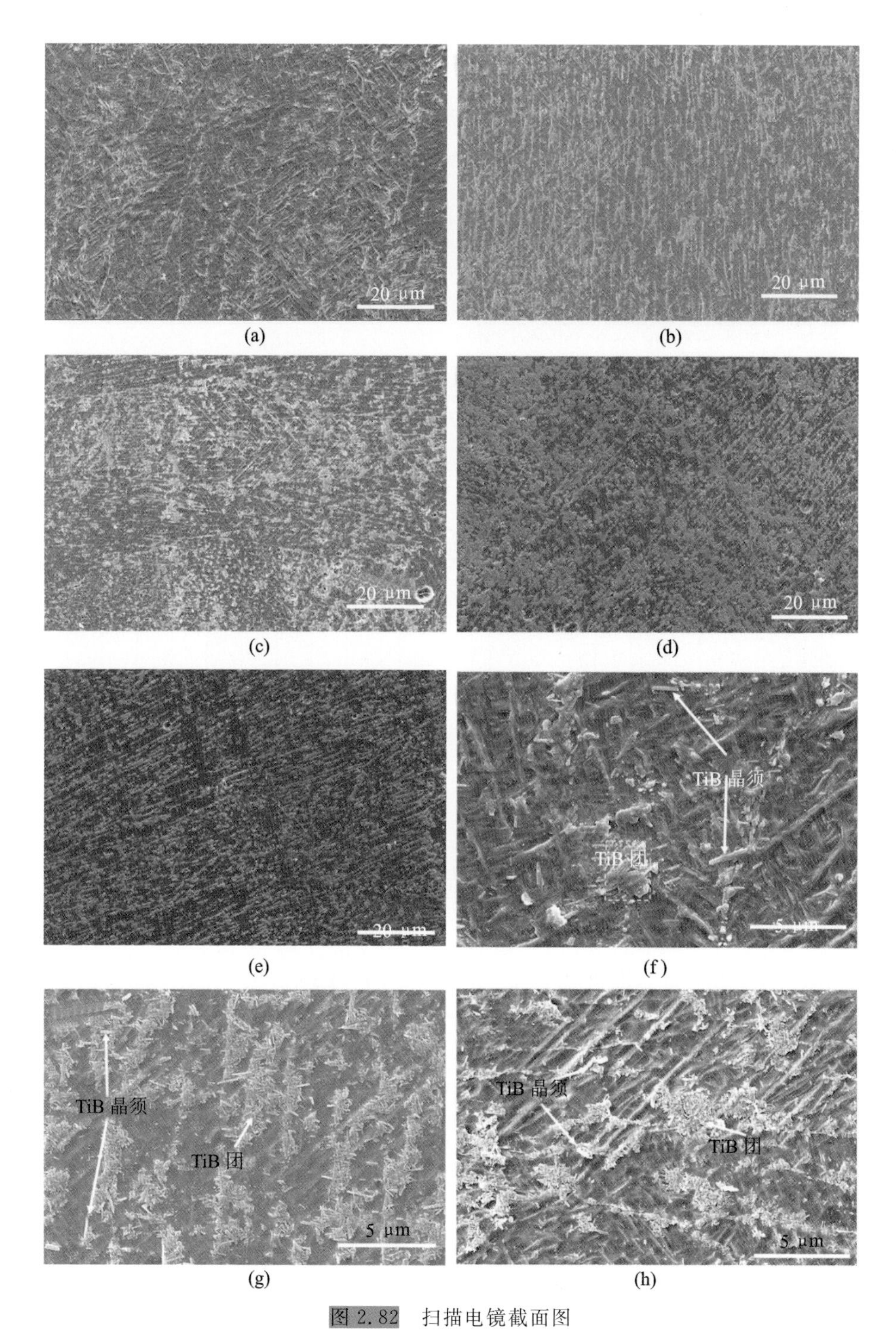

(a)　(b)　(c)　(d)　(e)　(f)　(g)　(h)

图 2.82　扫描电镜截面图

(a)低倍，100 mm/s；(b)低倍，200 mm/s；(c)低倍，300 mm/s；(d)低倍，400 mm/s；(e)低倍，500 mm/s；(f)高倍，100 mm/s；(g)高倍，200 mm/s；(h)高倍，300 mm/s；(i)高倍，400 mm/s；(j)高倍，500 mm/s

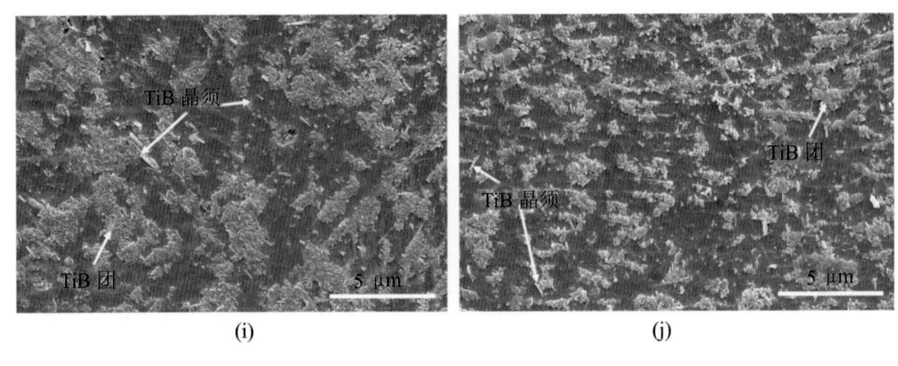

续图 2.82

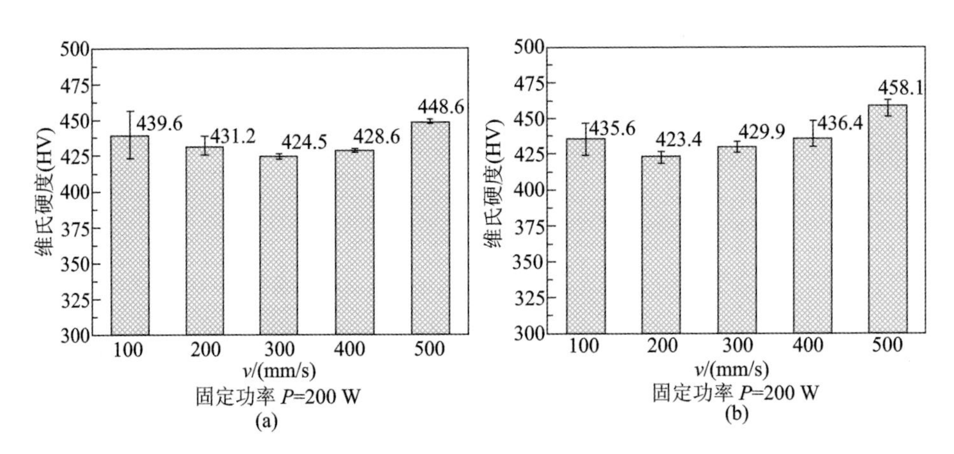

图 2.83 试样的维氏硬度

(a) 表面;(b)截面

图 2.84 所示为压缩试验结果。屈服强度在 1622～1741 MPa 之间变化。结果表明,扫描速度为 100 mm/s 、300 mm/s 和 400 mm/s 时,试样的屈服强度高,压缩强度均在 1725 MPa 以上。扫描速度为 500 mm/s 时,屈服强度最低,为 1622 MPa。试样延伸率在 12.89%～19.25%之间变化,其中 200 mm/s 时最高,500 mm/s 时最低。线性弹性区在 100 mm/s 时最高而在 200 mm/s 最低。在最高扫描速率下裂缝的萌生是最低测试结果的主要原因。

图 2.85 和图 2.86 分别为压缩断裂的 SEM 和 EDS 结果,从这些图片中我们可以看到,平行于 TiB 晶须的裂纹延伸并没有完全打破与基体的结合,破碎的晶须证明 TiB 和 Ti 基体之间的界面结合很强。所有样品都是韧性断裂,看起来非常相似。

3. 恒定速度 TiB_2/Ti6Al4V 复合材料

致密度测定采用阿基米德法。所有样品的平均致密度均在 96%以上。当激光功率为 200 W 和 120 W 时致密度最高。

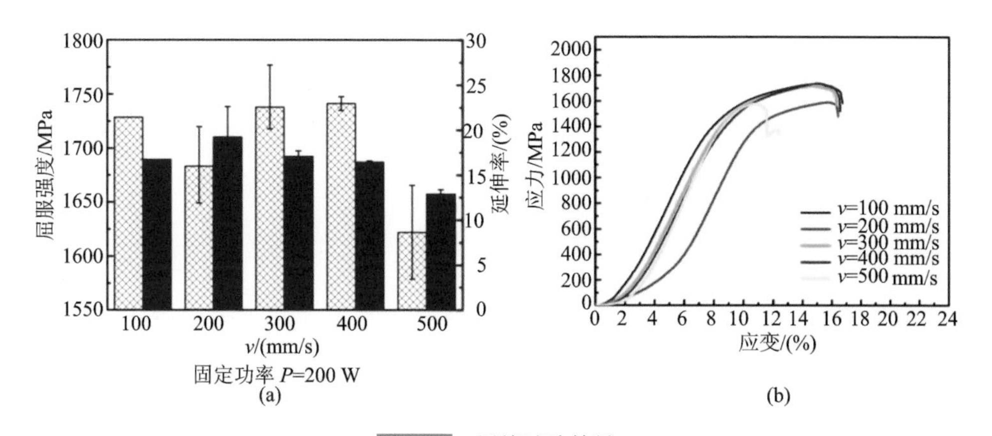

图 2.84　压缩试验结果

(a)屈服强度和延伸率与扫描速度的关系；(b)应力与应变的关系

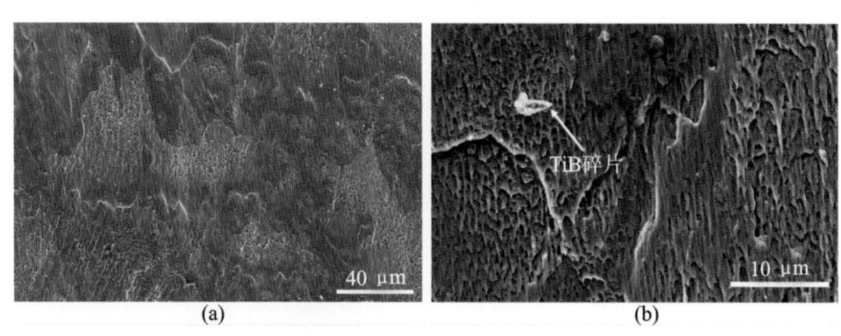

图 2.85　压缩断裂的 SEM 图

元素	质量分数/(%)	原子分数/(%)
BK	2.06	8.29
AlK	4.48	7.22
TiK	88.92	80.63
VK	4.53	3.86

元素	质量分数/(%)	原子分数/(%)
BK	0.30	1.29
AlK	2.51	4.34
TiK	92.81	90.36
VK	4.38	4.01

图 2.86　压缩断裂的 EDS 分析

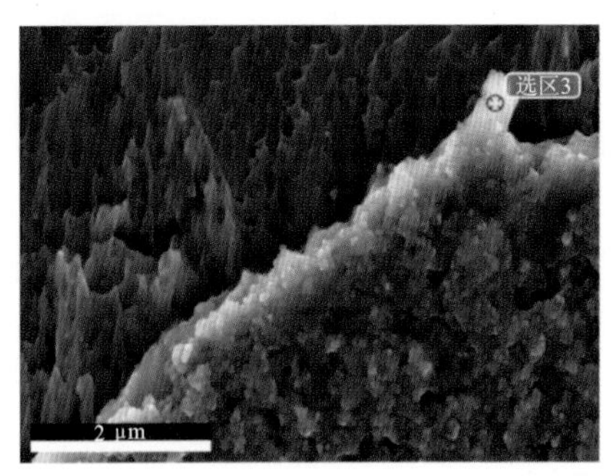

元素	质量分数/(%)	原子分数/(%)
BK	9.15	29.88
AlK	5.93	7.75
TiK	80.45	59.27
VK	4.46	3.09

续图 2.86

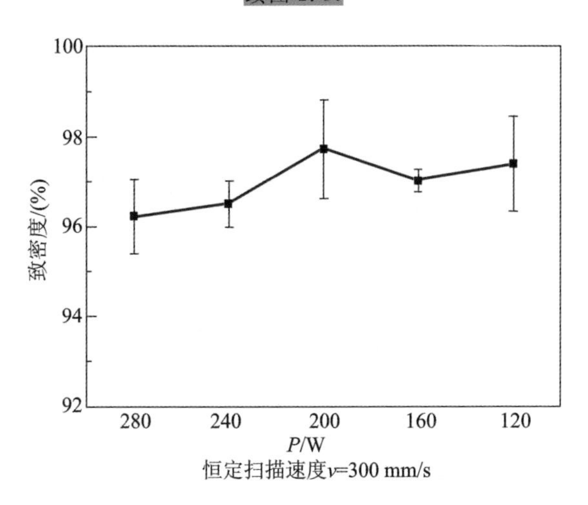

图 2.87　阿基米德法测量致密度

由图 2.88 所示的 XRD 分析看到衍射峰对应于 α-Ti 和 TiB。与恒定功率的情况类似，TiB_2峰的缺失表明激光加工过程中 TiB_2发生原位反应转化为 TiB。不同激光功率下衍射峰显示出类似的强度。

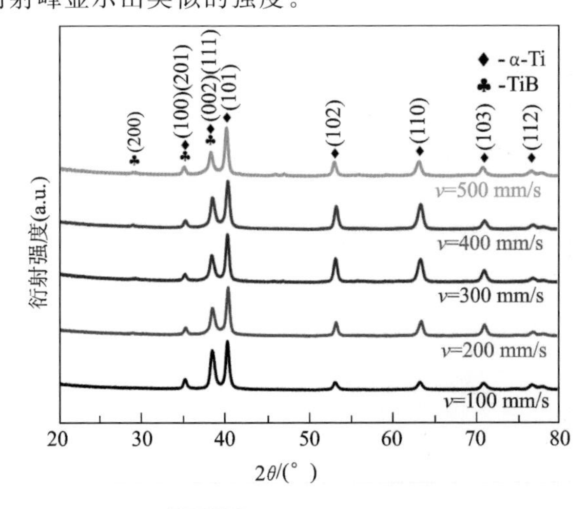

图 2.88　样品的 XRD 图

图 2.89 显示样品的表面和断面金相，与恒定功率的情况十分类似。能量密度充足时样品中出现了裂纹和球形孔。当能量密度过高时，形成了球形孔和不规则孔。随着激光功率的增加，熔池可见程度逐渐降低。在激光功率为 120 W 时，能量密度为 50 J/mm^3，出现贯穿整个样品且与制造方向平行的宽裂纹。这些裂纹与熔池的底部和顶部平行，因此是由于相邻层之间未充分熔融造成的。在激光功率为 160 W 时，能量密度略有增加，裂纹消失但球形孔效应显著，深 V 形熔池底部有规则的球形气孔。同样的情况也发生在 200 W 的试样上，但相较于 120 W 气孔的数量和体积更小。用 280 W 和 300 mm/s 制作的试样，没有裂纹，有少量气孔，说明在恒功率条件下，该加工参数最合适。

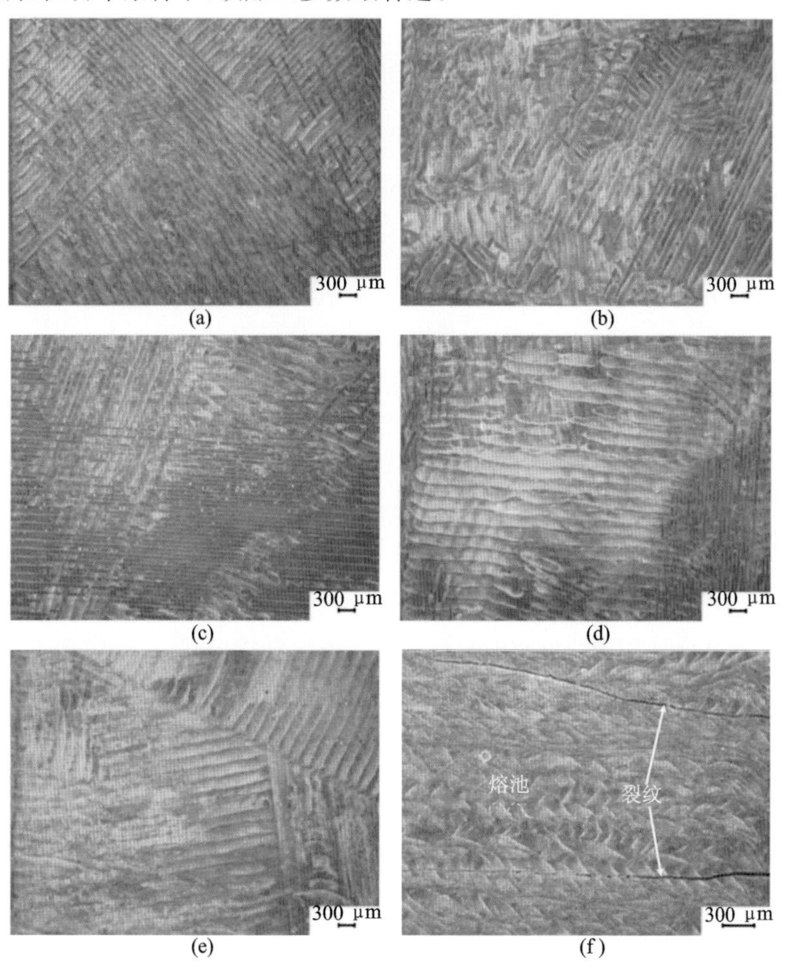

图 2.89　恒定速度下样品的金相图

(a)表面，100 mm/s；(b)表面，200 mm/s；(c)表面，300 mm/s；(d)表面，400 mm/s；(e)表面，500 mm/s；(f)截面，100 mm/s；(g)截面，200 mm/s；(h)截面，300 mm/s；(i)截面，400 mm/s；(j)截面，500 mm/s

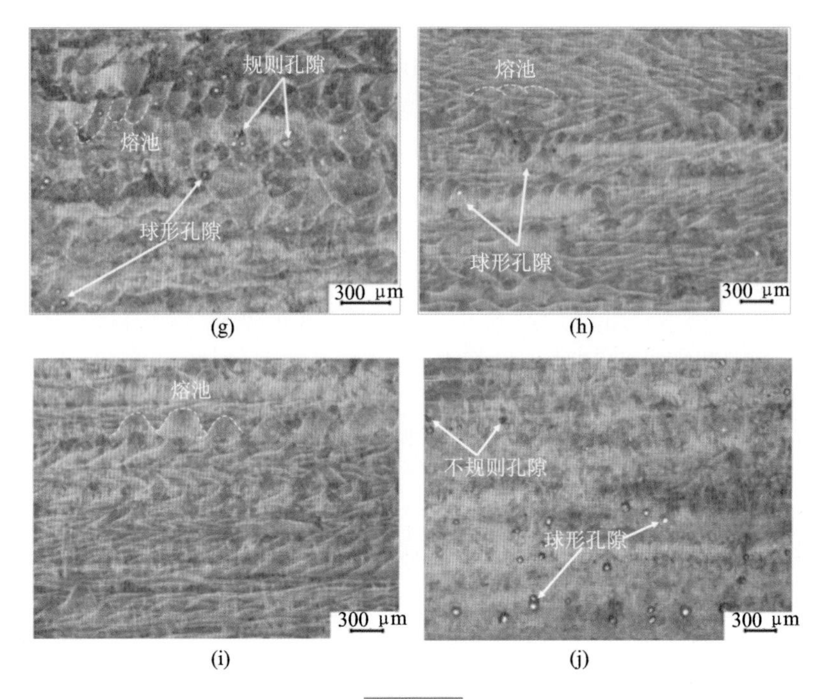

(g) (h) (i) (j)

续图 2.89

图 2.90 所示为扫描速度恒定、激光功率不同的 1%TiB/Ti6Al4V 复合材料的显微组织。与恒功率的条件类似，可以观察到 α+β 的组织结构。增强体呈针状和晶须状，且在 β 相和晶界处不均匀分布。在 SEM 图中可以看出，TiB 呈晶须状以单个或小的聚集形式存在，或呈针状以大的团聚形式存在。随着激光功率的增加，TiB 颗粒聚集变小（见图 2.84(a)～(e)）。用 160 W 制造的样品不会产生团聚现象，TiB 增强体尺寸（宽度和长度）变得稍大一些，但差异很小（见图2.84(f)～(j)）。激光功率为 120 W 时，晶须总量最大但体积都很小，在这种情况下，TiB 团聚为大的聚集区。160 W 时 TiB 团聚没有发生，只可看见几个小的晶须。200 W 样品的显微组织再次显示为 120 W 时的聚集体，但晶须的含量较低，尺寸稍大一些。240 W 和 280 W 下制备的样品，TiB 不再团聚为聚集区。这两种情况下的增强相的尺寸非常相似，略高于较低的激光功率下制备的样品。试验结果表明由于 Ti 和 TiB_2 之间的界面化学反应，TiB 与 Ti6Al4V 有着较好的冶金结合。

图 2.91 所示为硬度测试结果。与恒功率制备的样品相似，用恒定扫描速度制备的样品性能呈现各向异性。对于高能量密度制备的试样，表面表现出较高的硬度，而对于低能量密度的试样，表面截面硬度值较高。在侧面的截面上，试样硬度相近。当激光功率为 240 W 时，无气孔区域的硬度最高。截面硬度差异更明显。最高的硬度出现在中间的能量密度为 83.3 J/mm^3 时制造的试样。由于较高的孔隙率，最低硬度是在能量密度最高的情况下获得的。激光功率最低的情况下

获得第二高显微硬度，尽管这些样品有许多裂纹，但是并无孔隙存在。280 W 试样的孔隙率高，显微硬度最低。

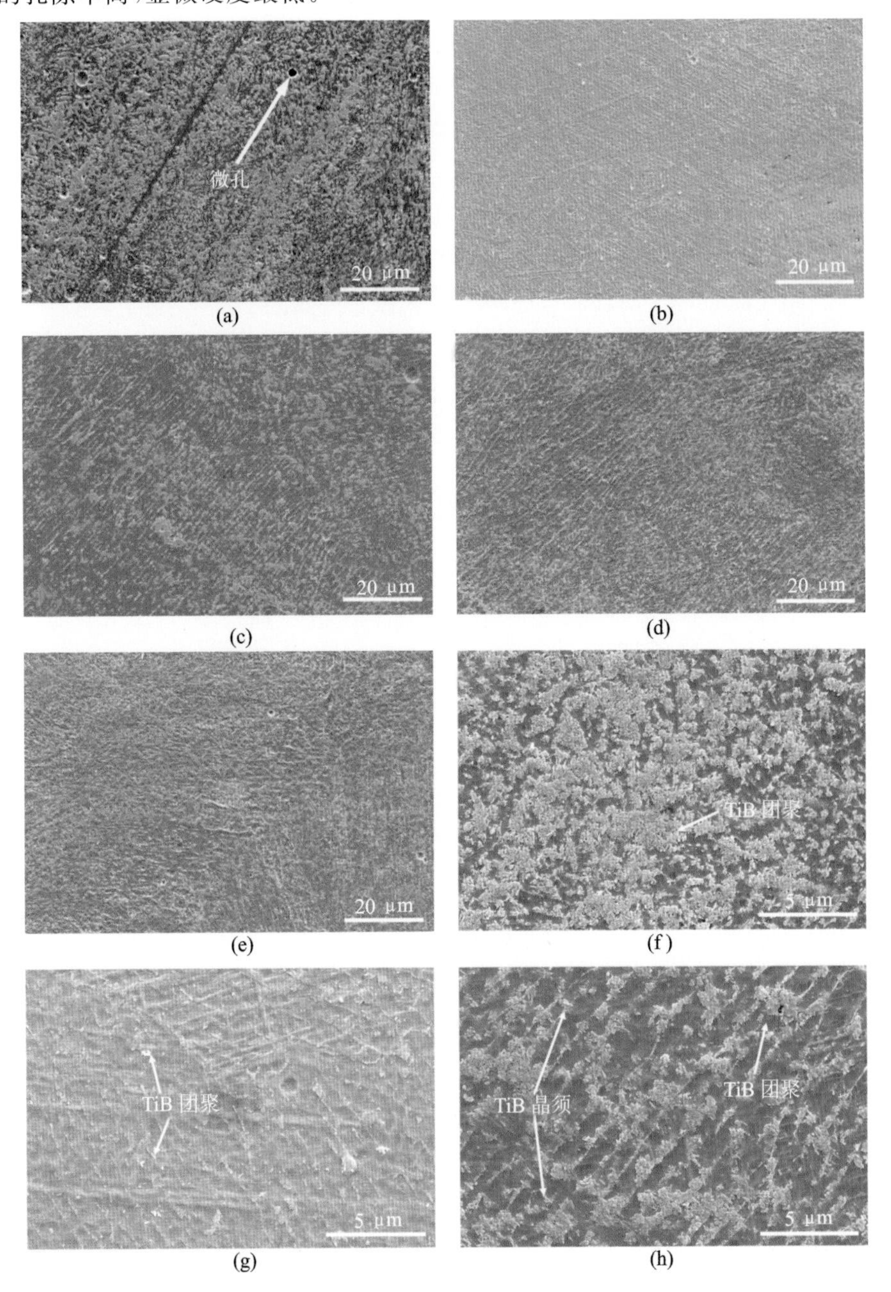

图 2.90　1%TiB/Ti6A14V 复合材料 SEM 图

低倍：(a)100mm/s；(b)200mm/s；(c)300mm/s；(d)400mm/s；(e)500mm/s

高倍：(f)100mm/s；(g)200mm/s；(h)300mm/s；(i)400mm/s；(j)500mm/s

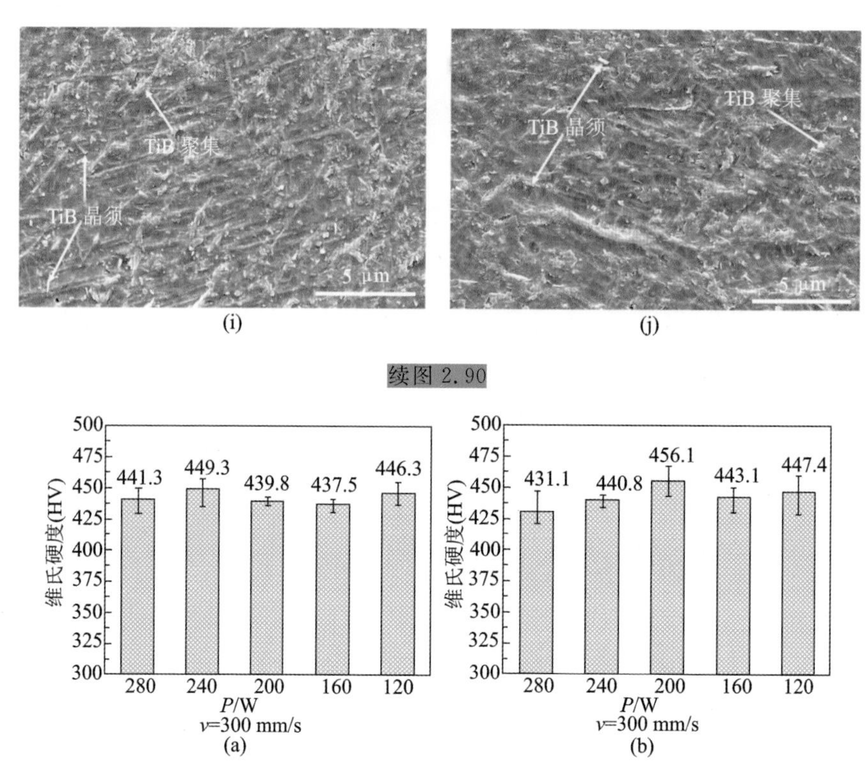

图 2.91　维氏硬度图

(a) 表面;(b)截面

图 2.92 所示为压缩试验结果。除了以最低激光功率制造的样品外,其他样品显示出相似的压缩性能。屈服强度在 523～1787 MPa 之间。用功率 240 W 的激光制作的样品获得了最高的屈服强度,但用 280 W 和 200 W 制备的样品屈服强度并没有严重降低。这三个样品,屈服强度均为1730 MPa以上。120 W 的激光制作的样品屈服强度最低,为 523 MPa。试样延伸率在7.71%～20.51%之间变化,最高值和最低值是在同一个样品的不同压力下获得的。在最低激光功率下裂缝的萌生是导致测试结果最低的主要原因。

由图 2.93 可以发现,样品在不同扫描速度下具有类似的韧性断裂特点。与恒定功率类似,可以观察到不同尺寸的 TiB 晶须。

4. 恒定能量密度 TiB/Ti6Al4V 复合材料

致密度的测定采用阿基米德法。当试验参数为 288 W、300 mm/s,192 W、200 mm/s和 144 W、150 mm/s 时,致密度最高,全部为 97%以上。

从图 2.95 所示的 XRD 图谱我们可以看到衍射峰对应于 α-Ti 和 TiB。TiB_2 峰的缺失表明激光加工过程中 TiB_2 发生原位反应转化为 TiB。不同扫描速度下衍射峰显示出类似的强度。

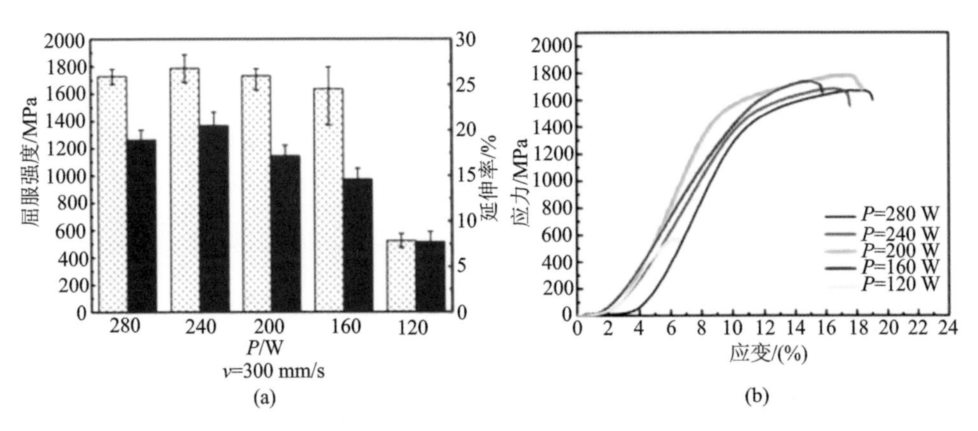

图 2.92　压缩试验结果

(a)屈服强度和延伸率与功率的关系；(b)应力与应变关系

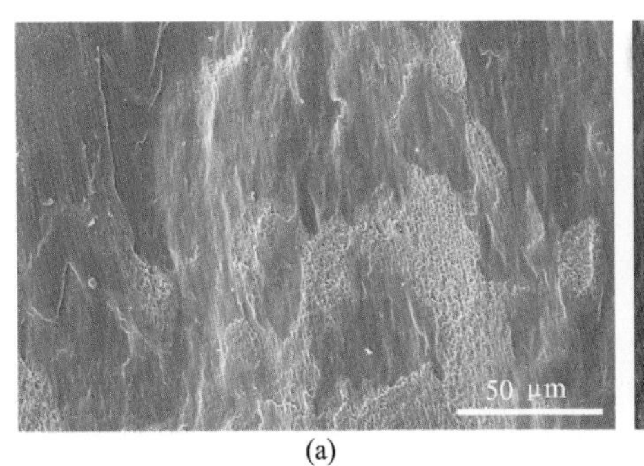

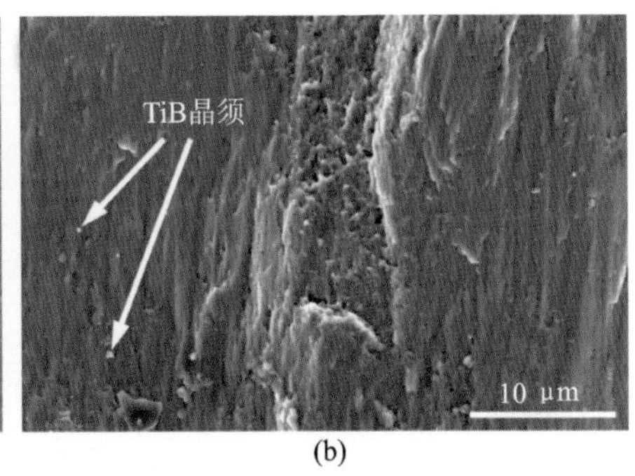

(a)　　(b)

图 2.93　压缩断裂的 SEM 图

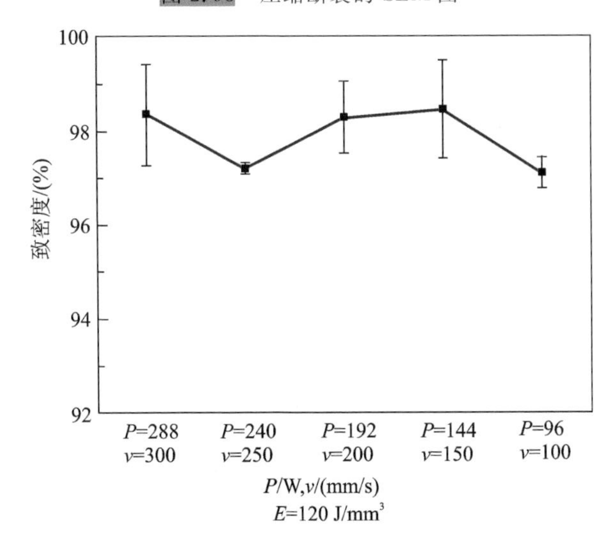

图 2.94　阿基米德法测量致密度

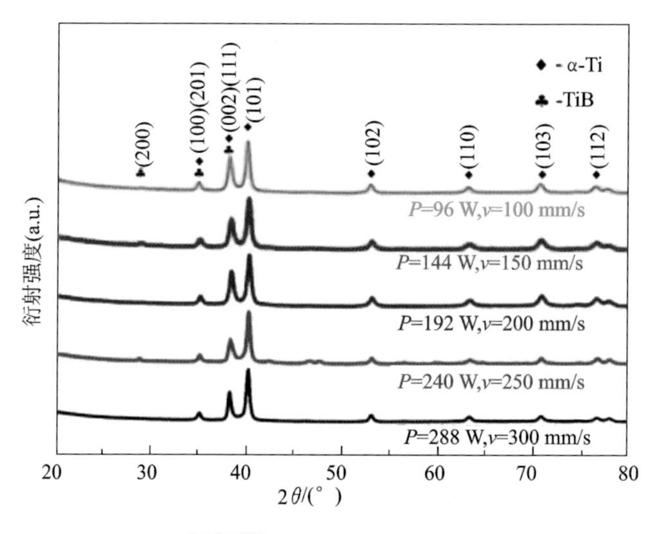

图 2.95 样品的 XRD 图谱

图 2.96 所示为恒定能量密度的样品表面和截面形貌。在所有的样品中都没有出现裂缝，但孔隙度有着轻微的差异。除工艺参数最高的样品外，所有样品都显示出很小的孔隙率。这些样品中的孔隙细小，呈球形，位于熔池中部，证明它们是由于键孔效应而出现的。对于激光功率和扫描速度最高的样品，气孔相对较多，呈球形，但也有几个不规则形状的气孔出现。规则的小孔是键孔效应的结果，而不规则孔大多处于熔池之间的位置，可能是球化现象造成的。

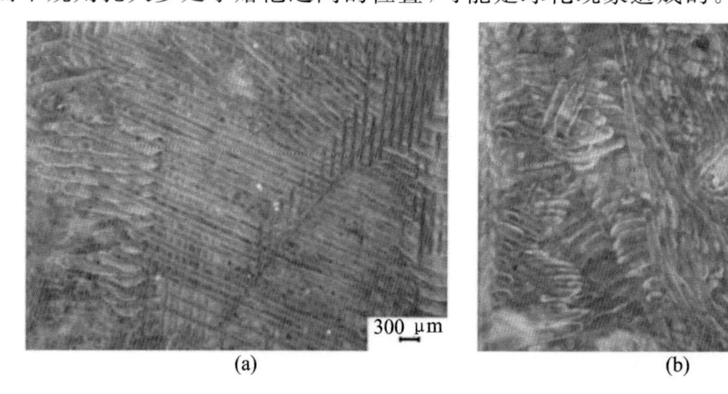

图 2.96 恒定能量密度下样品的金相图

表面：(a)96 W，100 mm/s；(b)144 W，150 mm/s；(c)192 W，200 mm/s；(d)240 W，250 mm/s；(e)288 W，300 mm/s

截面：(f)96 W，100 mm/s；(g)144 W，150 mm/s；(h)192 W，200 mm/s；(i)240 W，250 mm/s；(j)288 W，300 mm/s

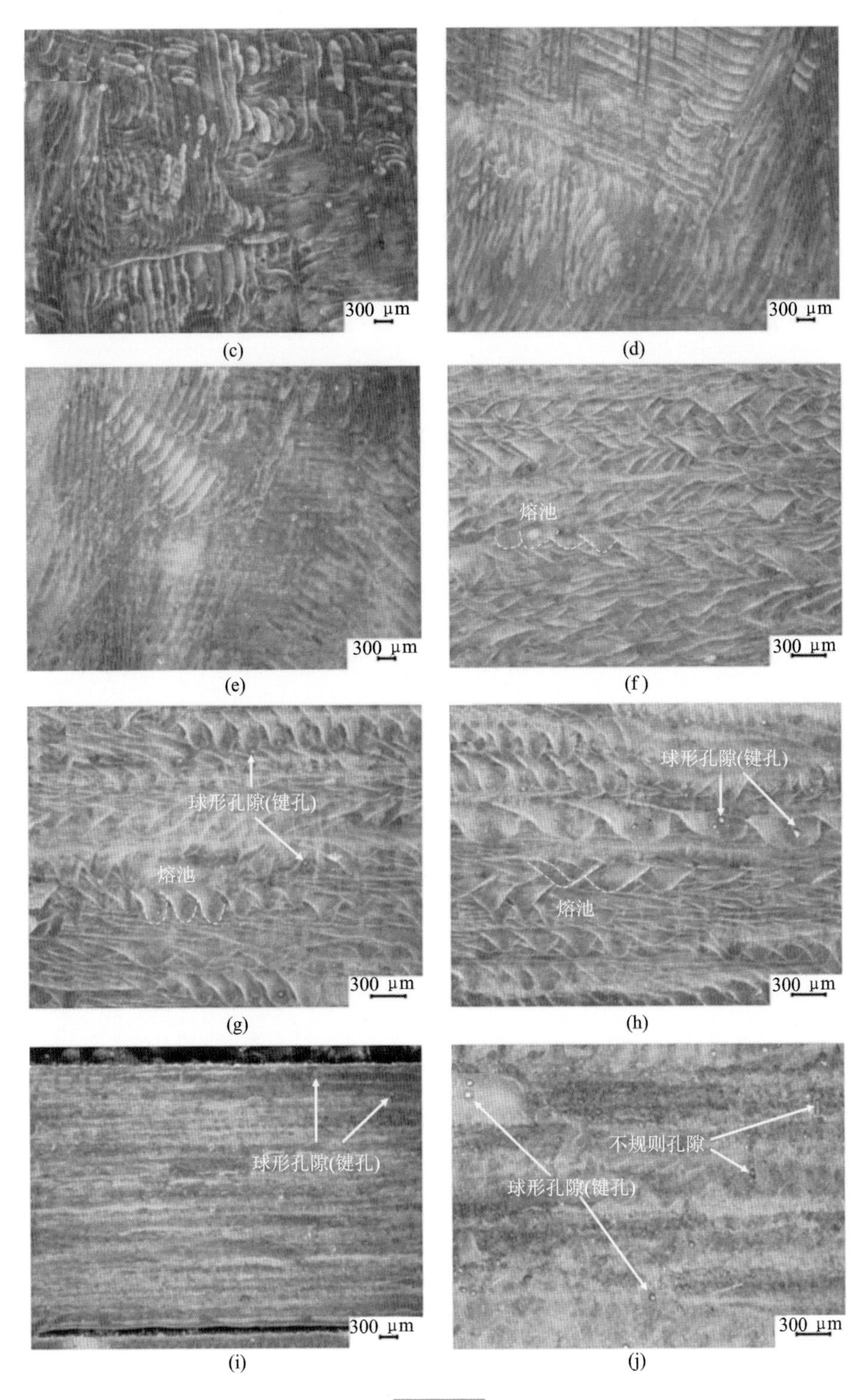
300 μm
(c)
300 μm
(d)
300 μm
(e)
熔池
300 μm
(f)
球形孔隙(键孔)
熔池
300 μm
(g)
球形孔隙(键孔)
熔池
300 μm
(h)
球形孔隙(键孔)
300 μm
(i)
不规则孔隙
球形孔隙(键孔)
300 μm
(j)

续图 2.96

如图 2.97 所示为扫描速度和激光功率不同，但激光能量密度相同时的 1% TiB/Ti6Al4V 复合材料的显微组织。与恒定功率和恒定扫描速度的条件类似，可以观察到 α+β 的组织结构。针状和晶须状 TiB 不均匀地分布在 β 相和钛基体晶界中。TiB 的尺寸(宽度和长度)与工艺参数(激光功率和扫描速度)无关。当试验参数适中时晶须最长(见图 2.97(h)、(i))，最高和最低的试验参数晶须最小。所有制造样品的增强相数量非常接近。在整个参数范围内都可以观察到微孔的存在，但均无微裂纹。试验结果表明，由于 Ti 和 TiB_2 之间的界面化学反应，TiB 与 Ti6Al4V 有着较好的冶金结合。

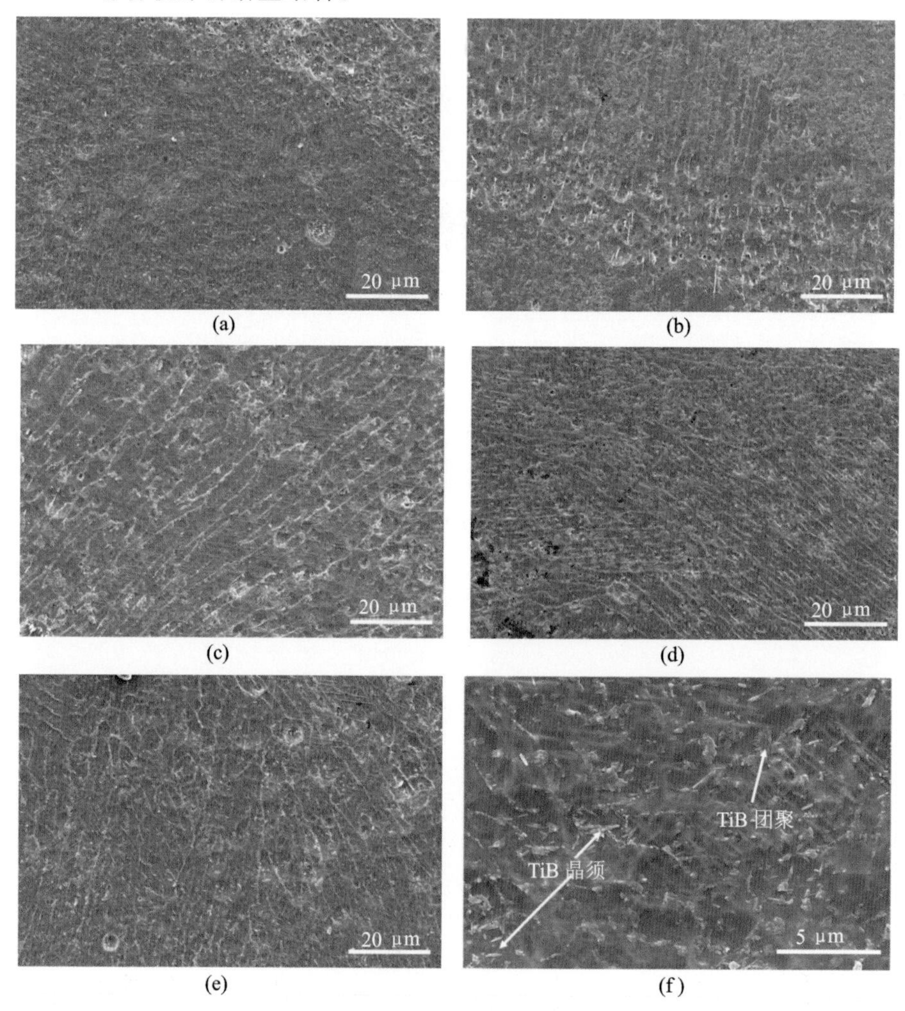

图 2.97 扫描电镜截面图

低倍：(a)96 W，100 mm/s；(b)144 W，150mm/s；(c)192 W，200 mm/s；(d)240 W，250 mm/s；(e)288W，300mm/s

高倍：(f)96 W，100 mm/s；(g)144 W，150mm/s；(h)192 W，200 mm/s；(i)240 W，250 mm/s；(j)288W，300mm/s

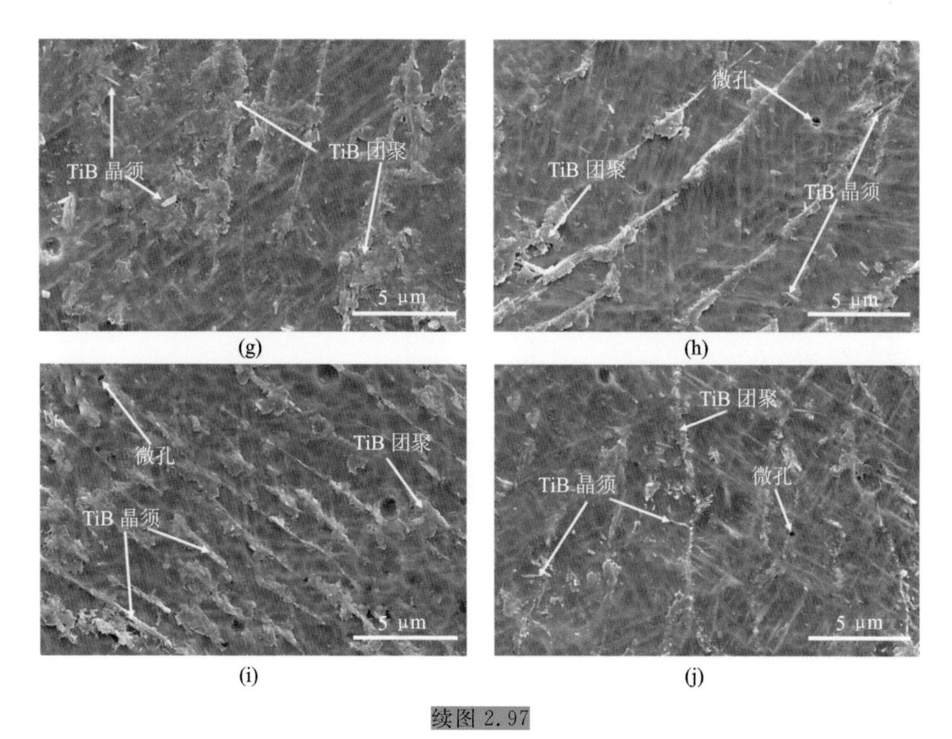

续图 2.97

图 2.98 所示为硬度测试结果。与恒定功率和恒定扫描速度制备的样品相似，除了最低参数的样品外，用恒定能量密度制备的样品性能呈现各向异性，其原因是样品几乎没有孔隙。工艺参数与硬度之间的关系十分明显。对于扫描速度和激光功率都很高的样品，表面和截面的硬度都比较低。在最低的参数 96W、100 mm/s下硬度值最高，最高的参数 288 W、300 mm/s 获得了最低的硬度值。所有样品都具有较好的硬度，硬度值的差异是由于孔隙率的不同引起。孔隙率较高的样品硬度较低。

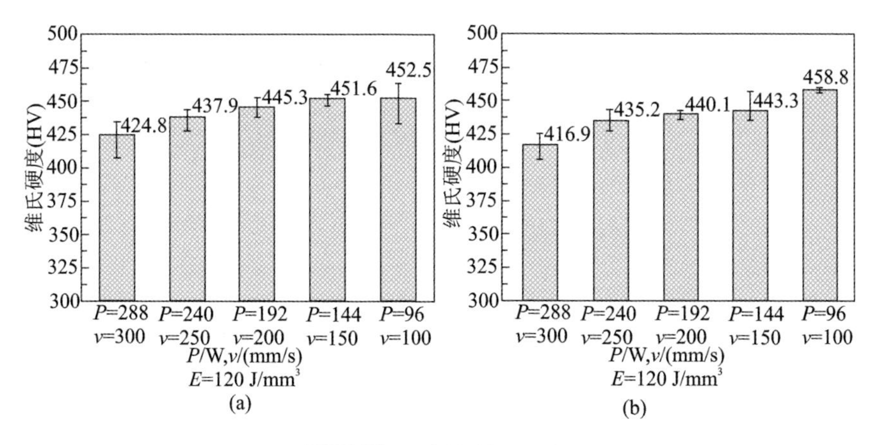

图 2.98 试样的维氏硬度

(a) 表面；(b)截面

图 2.99 所示为压缩试验结果。所有样品的屈服强度在 1721～1765 MPa 之间。试验参数为 144 W/150 mm/s 时具有最高的屈服强度，但其他样品试验结果并没有严重降低，试样延伸率在 14.31%～19.18%之间变化。240 W、250 mm/s时其值最高，144 W、150 mm/s 时其值最低。除了 144 W、150 mm/s，其他参数的样品线性弹性区域非常相似。高压缩强度值归因于样品中无裂纹、孔隙少。

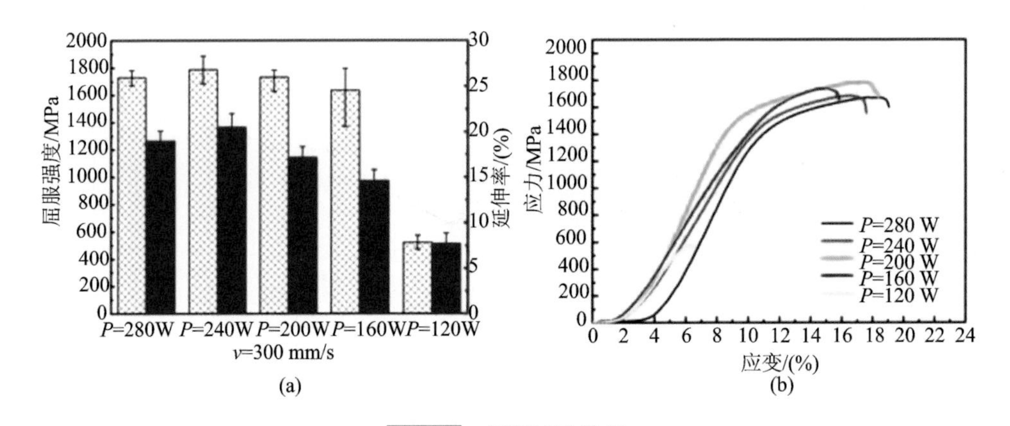

图 2.99　压缩试验结果

(a)屈服强度和伸长率与功率的关系；(b)应力与应变的关系

图 2.100 所示为压缩试验后的断裂形貌，所有样品都表现出非常相似的韧性断裂。

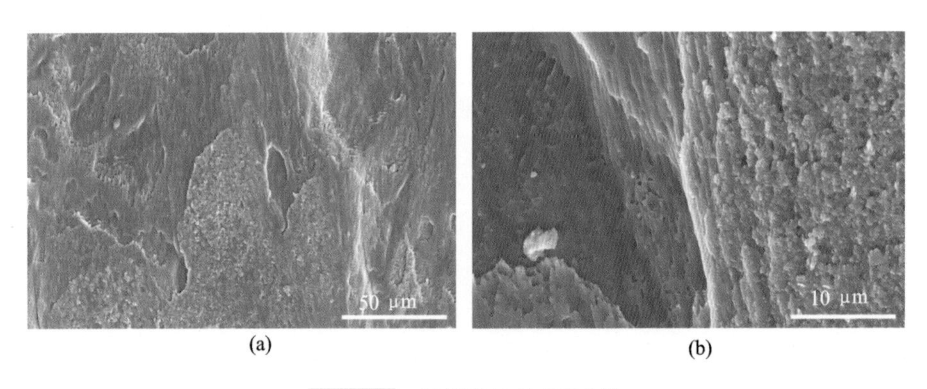

图 2.100　压缩断口的 SEM 图

基于对本研究结果的分析，激光功率和扫描速度等工艺参数对 SLM 制件的形貌、显微组织和力学性能有着重大的影响。

(1)通过优化工艺参数可以减少试样的孔隙率。能量密度不足会导致材料内部产生球形孔隙、不规则孔隙和裂纹。这是由于层间熔合不足和表面张力对液体表面施加的剪切力造成的。过多的能量密度也会导致球形和不规则孔隙的产生。在这种情况下球化的发生是由于材料蒸发、键孔效应或氧化物的存在导致的，而不规则孔隙是由于球化现象形成的。

(2)TiB_2添加量过低不足以完全反应转化为 TiB。扫描速度对 TiB_w晶须的尺寸影响很大,较低的扫描速度凝固时间较长,有更多的时间长大,会形成更长的 TiB 晶须。

(3)通过恒定能量检验证明,加工参数本身对压缩强度没有影响,但能量不足或过高会影响缺陷的数量,从而降低屈服强度、延伸率和抗压强度。

2.2.2　TiB_2/Ti45Al2Cr5Nb 复合材料

1.粉末材料和 SLM 工艺

试验采用气体雾化 Ti45Al2Cr5Nb 合金,平均粒径为 27.6 μm,TiB_2 粒径分布范围为 3～5 μm。在 SLM 之前,将 Ti45Al2Cr5Nb 粉末和 TiB_2增强剂放入行星式球磨机混合。主盘转速和研磨时间分别设定为 250 r/min 和4 h。然后将 TiB_2/TiAl 粉末在 323 K 空气中干燥 24 h 并筛分(200 目),以减少颗粒的聚集。在 TiB_2/TiAl 金属基复合材料系统中选择四种不同的 TiB_2 含量,即0%(空白对比)、1%、2%、3%,并且为了方便起见,相应的 SLM 处理的样品是分别用 S0、S1、S2 和 S3 表示。优化 SLM 工艺参数以获得早期研究中具有最大密度的部件,并设置如下:激光功率 P=300 W,激光扫描速度 v=800 mm/s,扫描间距 h=100 mm,层厚 d=30 mm。

SLM 成形示意图和扫描策略分别如图 2.101(a)和(b)所示。使用沿 X 轴(扫描方向一X 或 Y 轴(扫描方向一Y)定向的矢量,每个方向扫描一次。根据阿基米德原理,S0、S1、S2 和 S3 的相对密度分别计算为 93.44%、92.18%、91.33%和85.16%。

通过 XRD-7000S 型 X 射线衍射设备(XRD,Shimadzu,日本),使用连续扫描,在 40 kV 和 30 mA 的 CuKα 辐射下进行相鉴定。扫描速率为 10°/min,步长为 0.02°,扫描范围的衍射角 2θ 为 20°～110°。使用 Automet 300 型自动抛光机(Buehler,美国)和 LectroPol-5 型电解抛光机(Struers,丹麦)进行电子背散射衍射(EBSD)样品制备。在 EBSD 测量之前,样品用 A3 试剂(体积浓度为 10%的高氯酸盐,90%的乙醇)在 20 V 下电解抛光 10 s。对于 EBSD 分析,SEM 的加速电压为 20 kV,步长设定为 500 nm。使用安装在场发射扫描电子显微镜(JSM-7600F,JEOL,日本)上的 HKL Nordlys 定向成像显微镜系统(Oxford Instruments,英国)收集 EBSD 数据,并通过 HKL Channel 5 分析软件包进行解释。使用在 200 kV 下操作的 JEM-2100(JEOL,日本)仪器进行透射检测,并通过 Digital-Micrograph 软件包分析 TEM 数据。使用 Berkovich Indenter TI750 型纳米压痕测试仪(Hysitron triboindenter,Hysitron,美国)在室温下进行纳米压痕测试。使用加载-卸载

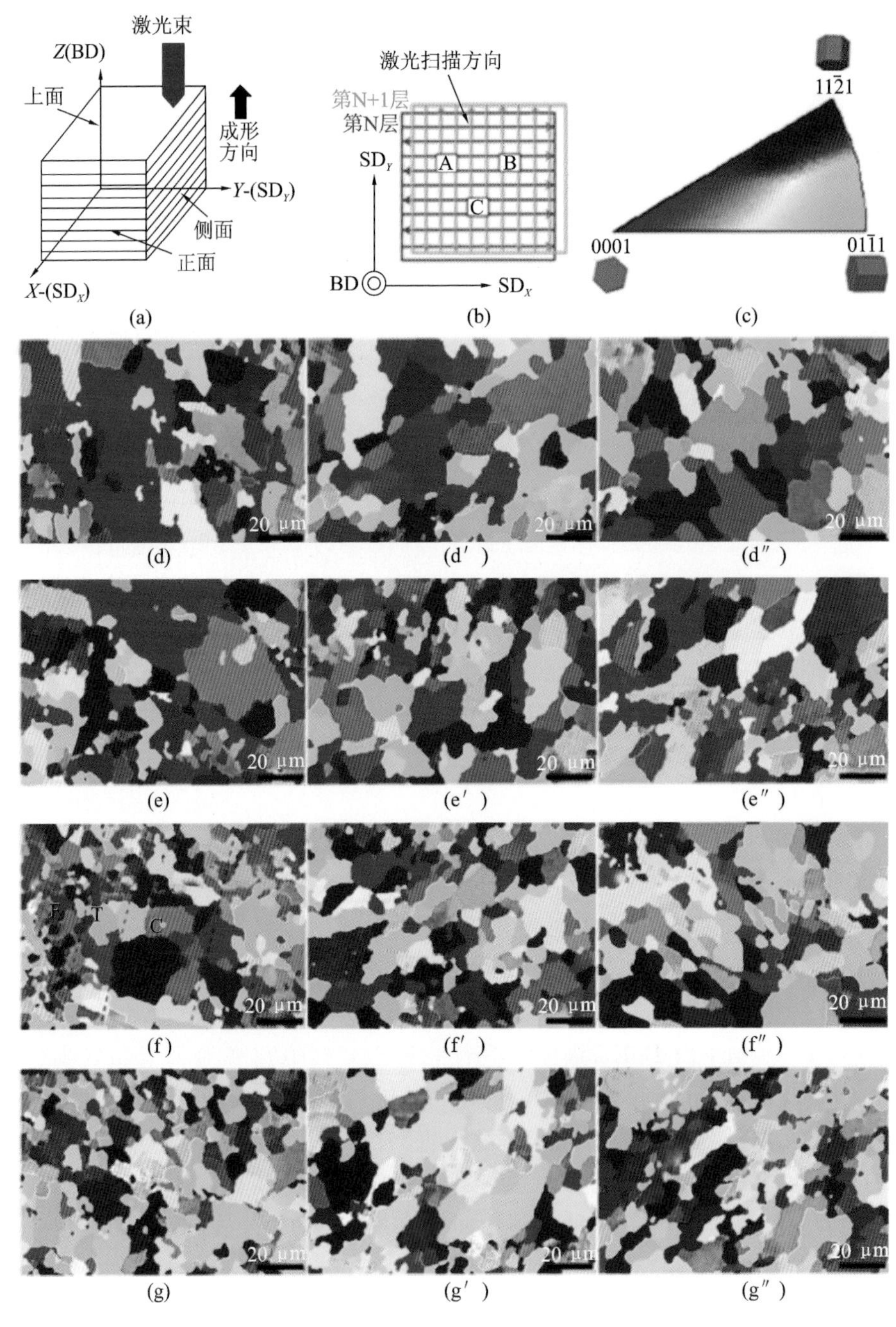

图2.101　SLM成形复合材料

(a)SLM工艺图解;(b)激光扫描策略,建立(BD)和激光扫描方向(SD_X 和 SD_Y)指示的样本坐标;(c)晶体取向-颜色关系图是指彩色编码的三角形反极图(IPF),SLM制备样本S0、S1、S2和S3顶部视图的EBSD图分别在(d)~(d″)、(e)~(e″)、(f)~(f″)和(g)~(g″)中

测试模式，测试力和保持时间分别设定为3500 mN和2 s。在纳米硬度测量中，记录载荷和压痕深度，然后使用原始数据构建加载-卸载图。

2. 结果

1)微观结构和晶粒取向

为了研究TiB_2含量对SLM制备的Ti45Al2Cr5Nb合金晶粒结构和取向的影响，对样品S0、S1、S2和S3进行了EBSD观察。图2.101(c)显示了反极图(IPF)，它表示EBSD图像中的颜色与沿激光扫描方向的晶粒取向之间的关系。为了获得更多的统计颗粒提高EBSD结果的可靠性，对图2.101(b)中所示的每个样品在三个不同区域(区域A、B和C)上进行EBSD测量。S0、S1、S2和S3的总统计粒数分别为453、653、737和847。图2.101(d)～(g″)中的EBSD取向图提供了对S0、S1、S2和S3的晶粒特征的观察。可以看出，每个样品的不同区域中的晶粒尺寸和取向保持高度一致。SLM制备的Ti45Al2Cr5Nb合金的显微组织以粗大的近等轴晶体为主，晶粒边界不规则，如图2.101(d)～(d″)所示，大多数晶粒取向为红色，表示样品S0显示强烈的(0001)方向。在添加1%TiB_2的$TiAl/TiB_2$金属基复合材料中(见图2.101(e)～(e″))，晶粒略微细化并且转变成等轴晶。此外，可以很容易地发现在EBSD晶粒图中红色区域略微减少而蓝绿色区域略微增加，这表明(0001)方向被削弱而$(10\bar{1}1)$和$(11\bar{2}1)$方向被加强。当将TiB_2的含量增加到2%时(见图2.101(f)～(f″))，晶粒进一步细化，并且这些晶粒中的大部分已转变为等轴晶体。同时，EBSD方向图显示较少的红色区域和较多的蓝绿色区域，阐述了(0001)方向不断削弱，而$(10\bar{1}1)$和$(11\bar{2}1)$方向进一步加强。此外，值得注意的是，在图2.101(f)中可以区分出三个具有不同等轴晶体的区域，即粗等轴区(C区)、过渡区(T区)和细等轴区(F区)。随着TiB_2含量进一步增加至3%(见图2.101(g)～(g″))，晶粒细化效果达到最大程度。可以看出，EBSD图以蓝绿色为主，红色区域减少到最小，表明样本S3的晶粒主要表现为$(10\bar{1}1)$和$(11\bar{2}1)$方向。

为了进一步研究TiB_2含量对SLM制备的$TiB_2/TiAl$金属基复合材料晶粒尺寸的影响，在图2.101(d)～(g″)的EBSD取向图上进行详细的图像分析，得到统计数据总结在图2.102中。如图2.102(a)～(d)所示，S0、S1、S2和S3中的大多数晶粒小于10 μm。在S0、S1、S2和S3中尺寸大于5 μm的颗粒的体积分数分别为48.53%、45.37%、43.65%和39.29%。经计算S0、S1、S2和S3的平均晶粒尺寸分别为8.53 μm、7.26 μm、6.39 μm和5.48 μm。

基于上述对SLM制备的$TiB_2/TiAl$金属基复合材料晶粒尺寸和取向的研究，我们发现随着TiB_2含量的增加，微观结构呈现出一个有趣的变化：粗大的近等轴晶粒以(0001)取向逐渐转变为较细具有强$(10\bar{1}1)$和$(11\bar{2}1)$取向的等轴晶粒。因此，可以得出结论，SLM制备的$TiB_2/TiAl$金属基复合材料的晶粒尺寸和取向可以通过改变TiB_2含量来定制。

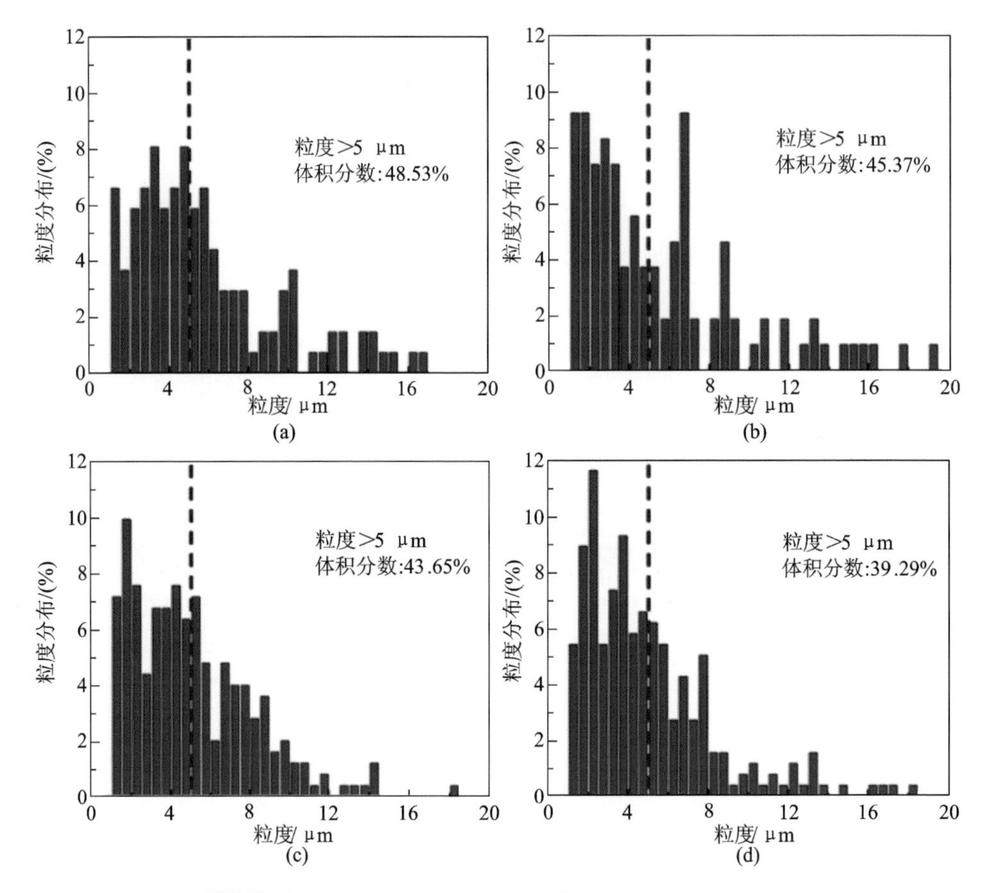

图 2.102 基于图 2.101 中(d)～(g″) EBSD 晶粒尺寸分布

(a) S0;(b) S1;(c) S2;(d) S3

2)晶体结构

当用长矢量扫描样品并且扫描方向对于两个连续层 N 和 $N+1$ 保持 90°角旋转时,引起沿生长方向的强织构。如在图 2.101(d)～(g″)中所讨论的,晶粒取向明显随 TiB_2 的含量而变化。因此,预计 TiB_2 对 SLM 制备的 TiB_2/TiAl 金属基复合材料的晶体结构有显著影响。样品 S0、S1、S2 和 S3 的晶体结构的极图分别从 EBSD 数据分析获得,并分别显示在图 2.103(a)、(b)、(c)和(d)中。显然,所有样品沿加工方向(BD)呈现{0001}织构,并且随着 TiB_2 含量从 0 增加至3%,{0001}减弱而{$10\bar{1}1$}和{$11\bar{2}1$}纹理强度增加。该结果与晶粒取向的变化高度一致。此外,还表明纤维织构被削弱,而再结晶织构随着 TiB_2 含量的增加而逐渐增强,如图 2.103(a)～(d)所示。此外,在 S3 的再结晶织构样品中,织构的{0001}轴方向与试样保持平行,而{0001}{$01\bar{1}1$}{$11\bar{2}1$}的织构结晶方向均匀分布于激光沿着 X 轴的扫描方向(SD_X)。

引入 S1、S2 和 S3 的织构指数和织构强度。织构指数由取向分布函数(ODF)

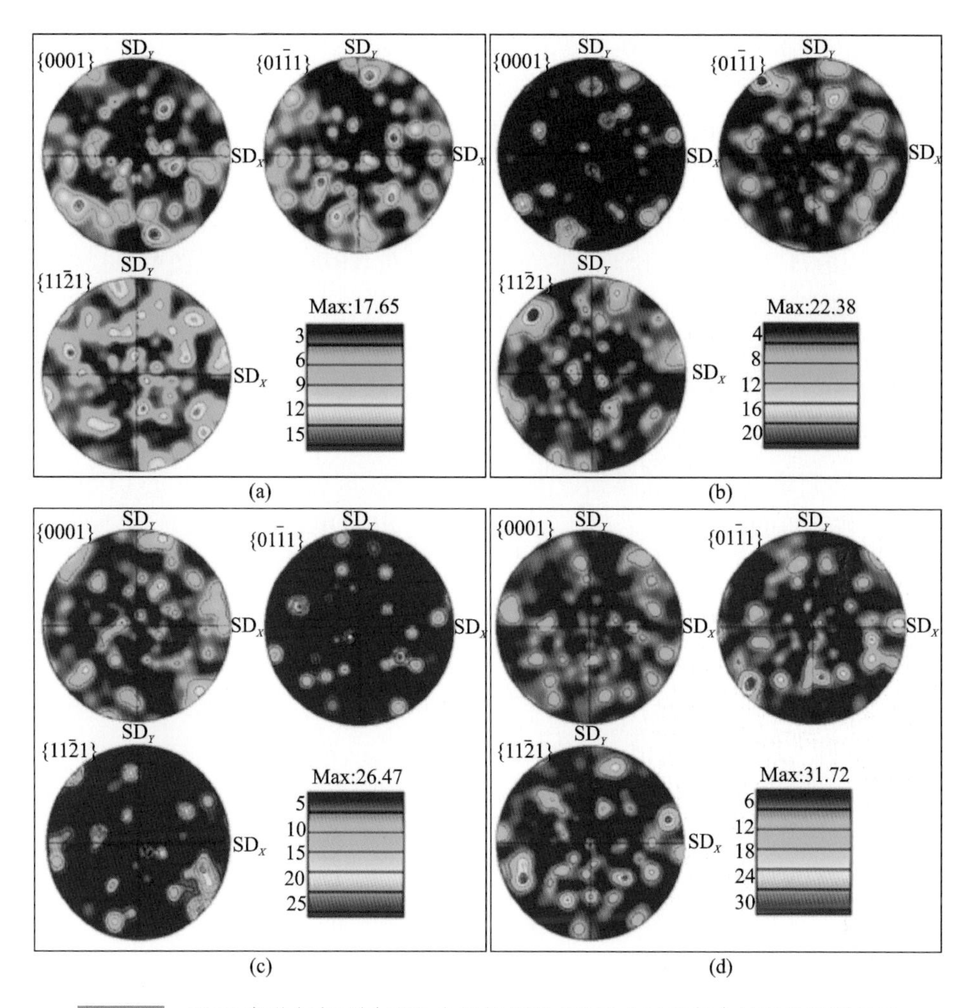

图 2.103　SLM 成形含有不同 TiB_2 含量的 TiB_2/TiAl 金属基复合材料从顶部显示 f0001g f0111g 和 f1121g 晶体方向的极图

(a) 0% (S0);(b) 1% (S1);(c) 2% (S2);(d) 3% (S3)

$f(g)$定义,并使用下式计算:

$$\text{Texture Index} = \int (f(g))^2 \mathrm{d}g \tag{2-8}$$

其中:f 是取向分布,g 是欧拉空间坐标,$f(g)$是取向分布函数。众所周知,各向同性材料的织构指数等于 1,而各向异性材料的织构指数大于 1。基于式(2-2),S0、S1、S2 和 S3 的最大织构指数分别计算为 17.65、22.38、26.47 和 31.72。此外,织构强度(其被定义为织构指数的平方根并且具有与织构强度相同的单位)是用于描述织构强度的更有意义的参数。S0、S1、S2 和 S3 的织构强度分别计算为 3.22、3.69、4.21 和 4.78。显然,这些结果表明 S3 的织构强度几乎是 S0 的两倍,表明 TiB_2的含量对 SLM 制备的 TiAl/TiB_2金属基复合材料的织构有很大的影响。随

着 TiB_2 含量的增加，通过 SLM 可以生产出织构强度更高的 TiB_2/TiAl 金属基复合材料组分。

为了验证从 EBSD 分析获得的晶体结构的准确性和可靠性，测量 XRD 图，然后与 EBSD 图进行比较。图 2.104(a)所示为在$\{11\bar{2}1\}$取向的 S1 的 XRD 图。可以发现，测量的织构指数$\{11\bar{2}1\}$取向在 XRD 图的左上角达到最大值，其几乎与图 2.104(b)中的$\{11\bar{2}1\}$取向 EBSD 图的位置相同。在 XRD 和 EBSD 图中$\{11\bar{2}1\}$取向的 S1 的最大织构指数经计算分别为 20.62 和 19.76。因此，从 EBSD 和 XRD 图测量的$\{11\bar{2}1\}$取向最大织构指数值之间的偏差为 4.4%。同样，图2.104(b)所示为 S2 在 XRD 图的$\{11\bar{2}1\}$取向。通过将该 XRD 图与图 2.104(c)中的 EBSD 图进行比较，可以发现 EBSD 和 XRD 图中$\{11\bar{2}1\}$取向的织构指数通常表现出相同的分布，并达到最大值，计算得出分别为 24.87 和 25.68，基本上位于 EBSD 和 XRD 图的右下角的同一位置。因此，从 EBSD 和 XRD 测量获得的$\{11\bar{2}1\}$取向最大织构强度之间的偏差为 3.3%。图 2.104(c)所示为 S3XRD 图的$\{11\bar{2}1\}$取向，其示出了与图 2.103(d)中的 EBSD 图几乎相同的织构指数分布和最大值位置。通过 XRD 和 EBSD 测量的$\{11\bar{2}1\}$取向的 S3 的最大织构指数分别为 30.38 和 29.56。因此，由 EBSD 测量的 S3 的最大织构指数与来自 XRD 图$\{11\bar{2}1\}$取向的之间的偏差为 2.8%。

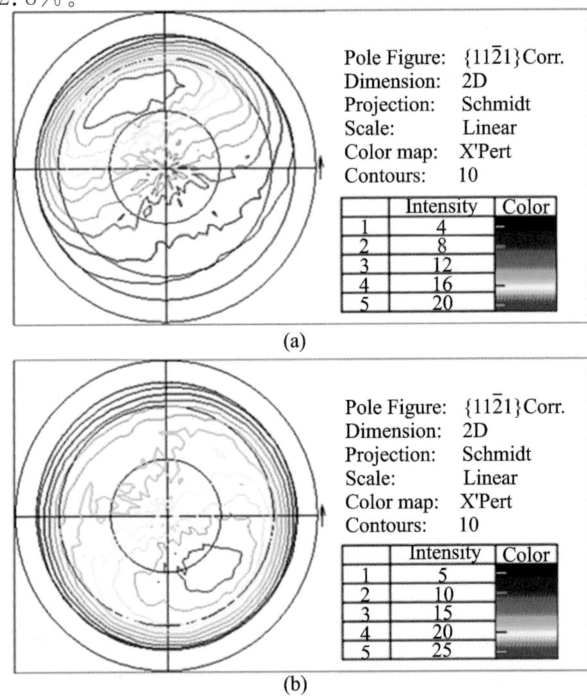

图 2.104 XRD 图表示 SLM 成形含有不同含量 TiB_2 的 TiAl/TiB_2 金属基复合材料的定向结晶

(a)1% (S1);(b)2% (S2);(c)3% (S3)

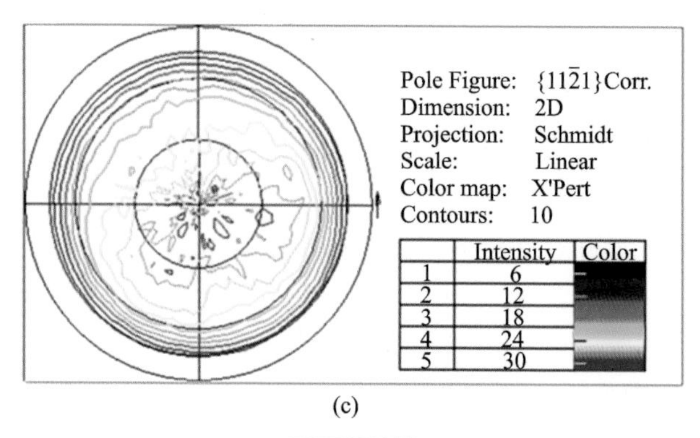

(c)

续图 2.104

通过对 EBSD 和 XRD 图测量的晶体结构进行比较，可以发现当 S1、S2 和 S3 的 EBSD 测量中的总统计晶粒数分别为 653、737 和 847 时，{11$\bar{2}$1}取向纹理指数在 EBSD 图通常表现出相同的分布，并且基本上在样品 S1、S2 和 S3 的 XRD 图中相同的位置处达到最大值。EBSD 和 XRD 图之间的 S1、S2 和 S3 的{11$\bar{2}$1}取向最大织构指数偏差都非常小，并且 EBSD 测量中的统计颗粒数越多，偏差越小。因此，可以得出结论，当 S1、S2 和 S3 的 EBSD 测量中的总统计晶粒数分别为 653、737 和 847 时，由 EBSD 图计算的晶体结构与从 XRD 图获得的结晶织构高度一致，并且 EBSD 测量可以提供与 XRD 图测量相当的具有统计有意义的织构信息。

在 SLM 过程中，TiB_2/TiAl 金属基复合材料进行如下路径的凝固：

$$L\rightarrow L+TiB_2\rightarrow \beta+TiB_2\rightarrow \alpha+\beta+TiB_2\rightarrow \alpha+\beta+\gamma+TiB_2\rightarrow \alpha_2(Ti_3AL)+\gamma(TiAL)+B_2+TiB_2$$

图 2.105(a)显示了 Ti-Al 二元相图，其中 Ti-45Al 的凝固路径和相变由红色箭头表示。在样品 S0、S1、S2 和 S3 的俯视图上进行 XRD 分析，并且获得的图案示于图 2.105(b)中。XRD 结果表明，SLM 制备的 TiAl 基合金(S0)由 α_2、γ 和 B_2 相组成，SLM 制备的 TiAl/TiB_2金属基复合材料(S1、S2 和 S3)主要由 α_2、γ、B_2 和 TiB_2 组成。如图 2.105(b)所示，(20$\bar{2}$1)α_2强峰在 41.08°，其通常在不同 TiB_2 含量的所有样品中均可检测到。此外，随着 TiB_2 含量的增加，(20$\bar{2}$1)α_2强峰在 41.08°和(20$\bar{2}$3)α_2峰值在 72.24°。

为了进一步确定 S0、S1、S2 和 S3 的相组成和分布，还进行了 EBSD 测量，结果分别总结在图 2.105(c)、(d)、(e)和(f)中。如图 2.105(c)所示，S0 以 α_2相(黄色)为主，并且还检测到少量的 γ(蓝色)和 B_2(红色)相。计算出 α_2、γ 和 B_2 相的含量分别为 76.2%、22.3%和 1.5%。此外，很容易发现 B_2 相易于在晶界处沉淀。TiAl 基合金的凝固路径表明，在 SLM 过程中，Cr 和 Nb 元素聚集体倾向于在晶界产生。因为 Cr 和 Nb 通常作为强 β-稳定剂元素，因此 B_2 相倾向于在晶界处沉淀。通过在 TiAl/TiB_2金属基复合材料中添加 1%的 TiB_2，发生了相组成的巨大变化，如图 2.105(d)所示。α_2 相的含量降低至 64.4%，而 γ 和 B_2 相分别增加至 32.3%和 1.8%。值得注意的是，TiB_2(绿色)相也已被鉴定并均匀分布在 α_2 和 γ

相中，其含量计算为 1.5%。当在 S2 中将 TiB_2 含量增加至 2%时(见图2.105(e))，α_2 含量相进一步降低至 55.2%，而 γ 相继续增加至 42.8%。同时，B_2 和 TiB_2 的含量分别小幅上升至 2.2%和 1.8%。在 S3 中更高的 TiB_2 含量为 3%(见图 2.105(f))时，α_2 相含量降低至最小值 51.2%，γ、B_2 和 TiB_2 的含量增加至最大值 43.7 %、2.5%和 2.6%。因此，可以得出结论，随着 TiB_2 含量的增加，α_2 相减少，而 γ、B_2 和 TiB_2 相增加。这些结果与 XRD 分析非常一致。 α γ

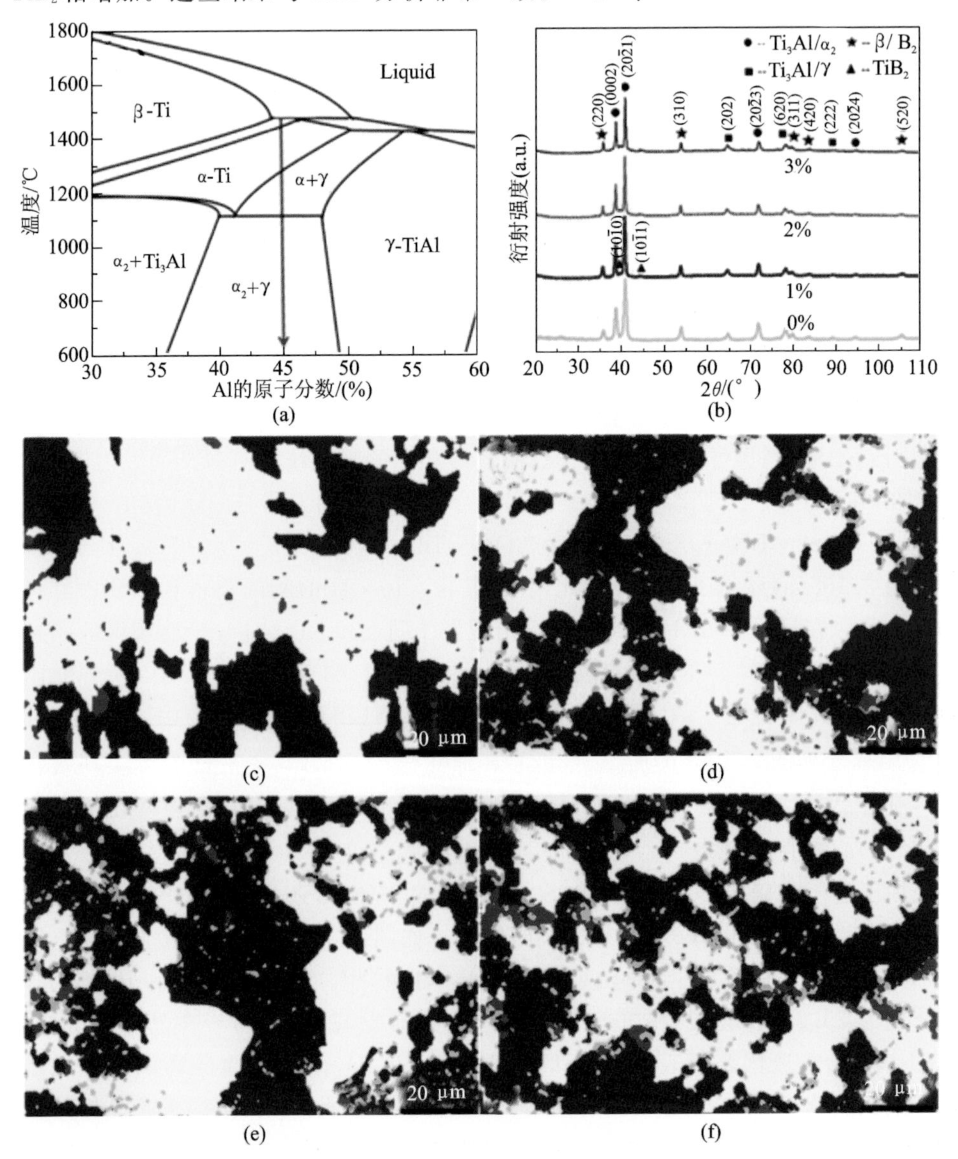

图 2.105 (a)Ti-Al 边界相图；(b)试样 S0、S1、S2 和 S3 的 XRD 图；(c)试样 S0 EBSD 相组成与分布；(d)S1 EBSD 相组成与分布；(e)S2 EBSD 相组成与分布；(f)S3 EBSD 相组成与分布

为了研究 SLM 制备的 TiB_2/TiAl 金属基复合材料中 α_2、γ、B_2 和 TiB_2 相的详细转化机理，对样品 S1 进行 TEM 分析。如图 2.106(a)所示，S1 的明场图像表明 α_2 是主要相，并且少量细化 γ 相，B_2 和 TiB_2 相随机地分散在 α_2 基质中。该结果与 2.105 中的 XRD 和 EBSD 测量结果非常一致。令人惊讶的是，可以检测到 TiB 相的斑点，这应该由 $Ti+TiB_2 \rightarrow 2TiB$ 反应诱导导致。然而，XRD 和 EBSD 未检测到这种 TiB 相，因为很难通过这些方法将 TiB 相与 TiB_2 区分开来。图 2.106(b)表示(a)的选择区域衍射图案(SADP)。当观察衍射环时，可以识别出 α_2、γ、B_2、TiB_2 和 TiB 晶体的不同平面，这表明它的多晶结构。发现观察到的环的半径比为 $1(DO_{19}):1.53(bcc):2.21(bcc):2.38(L1_O):3.07(C_{32})$。此外，基于 SADP 图像以及标准 XRD 衍射图(JCPDS 卡 14-0451，12-0603，73-2148，65-0458，85-0283)，平面间间距计算为 $d_{101\,1}=0.338$ nm(α_2)，$d_{200}=0.211$ nm(B_2)，$d_{020}=0.153$ nm(TiB)，$d_{202}=0.142$ nm(γ)，$d_{112\,2}=0.110$ nm(TiB_2)。图 2.106(c)和(d)分别示出了沿着(0001)区域的 TiB_2 的 SADP(红色箭头)和沿着图 2.106(a)的(001)区域的轴的 TiB(绿色箭头)。索引表明 TiB_2 是高度有序的 HCP 结构，晶格参数为 $\alpha=0.303$ nm 和 $c=0.322$ nm，而 TiB 是高度有序的体心立方(BCC)结构，晶格参数为 $\alpha=0.612$ nm 和 $c=0.456$ nm。

为了研究 α_2、B_2、γ 的取向关系和转换机制，还对图 2.106(a)中的不同区域(区域 A、B、C 和 D)进行了高分辨透射电子显微镜(HRTEM)检测 TiB_2 和 TiB 相。如图 2.107(a)所示，可以容易地找到具有不同平面间距的多个相。同时，存在非常清晰的相位边界和多相的相位交错区域。基于测量的晶格参数和标准 XRD JCPDS 图案，晶格条纹间距计算为 0.288 nm、0.244 nm、0.232 nm 和 0.264 nm，并且可以分别被识别为 $(11\bar{2}0)\alpha_2$，$(110)B_2$，$(111)\gamma$ 和 $(10\bar{1}0)TiB_2$ 的平面。因此，α_2、B_2、γ 和 TiB_2 的取向关系之一可以表示为 $(112\,0)\alpha_2//(110)B_2//(111)\gamma//(10\bar{1}0)TiB_2$。此外，根据 SLM 过程中 TiB_2/TiAl 金属基复合材料的相图和凝固路径，多相很可能由 $L\rightarrow L+(101\,0)TiB_2$，$L\rightarrow L+(110)\beta$ 和 $(110)\beta\rightarrow(11\bar{2}0)\alpha_2+(111)\gamma$ 产生，然后尺寸在几十纳米范围内的 γ，B_2 和 TiB_2 相在 α_2 基质中随机沉淀。图 2.107(b)示出了 α_2 和 TiB_2 界面的另一个 HRTEM 图像。平面间距计算为 0.232 nm，为 $(0002)\alpha_2$，0.320 nm 为 $(0001)TiB_2$；因此，α_2 和 TiB_2 之间的取向关系可以确定为：$(0002)\alpha_2//(0001)TiB_2$。然而，由于晶面间距的差异，$(0002)\alpha_2$ 和 $(0001)TiB_2$ 的相界面之间会发生不匹配。因此，位错存在于相界面中以缓解所谓的不匹配。根据测得的晶格参数，$(0002)\alpha_2$ 和 $(0001)TiB_2$ 之间的误差计算为 27.1%，表明在每个 $(0002)\alpha_2$ 平面上应存在界面位错。同时，由于规则排列的位错，习惯平面稍微偏离了 $(0001)TiB_2$。图 2.107(c)显示典型的单个 $(10\bar{1}1)TiB_2$ 的 HRTEM 图像，其中晶格条纹分离计算为 0.215 nm。显然，由于在 SLM 过程中 TiB_2/TiAl 金属基复合材料的快速熔化和冷却，一些原子缺陷很容易辨别，导致

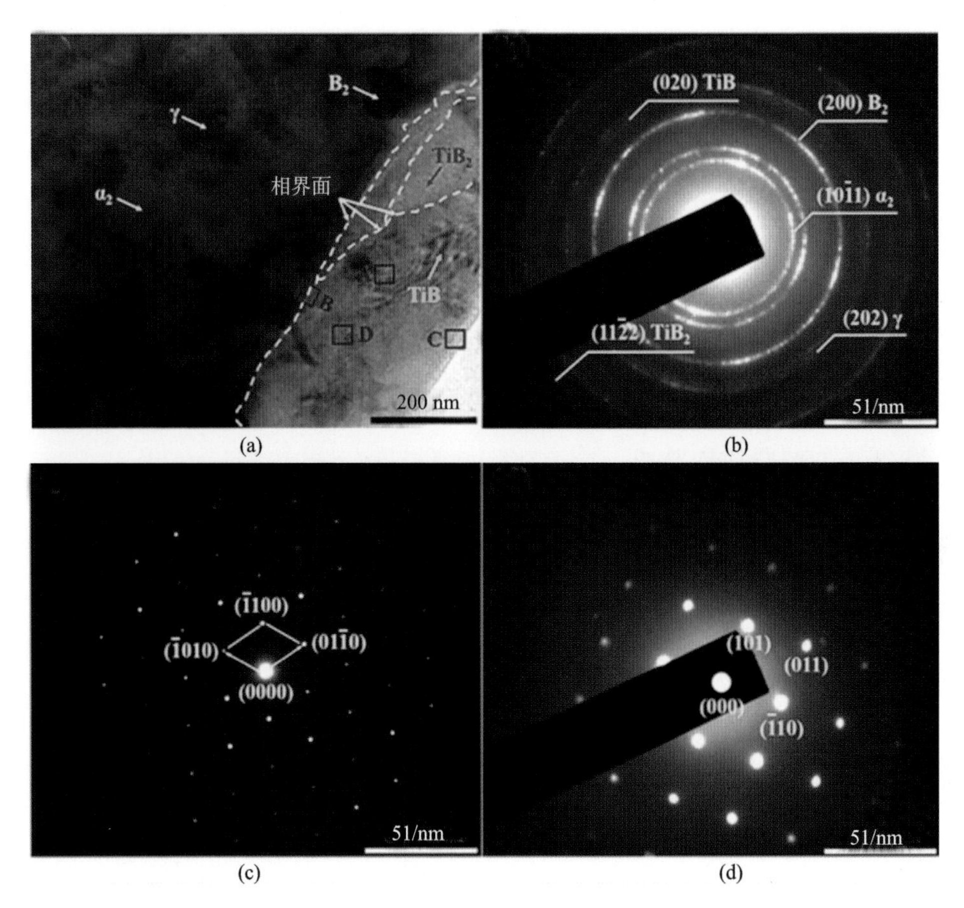

图2.106 (a) S1的明场TEM图像；(b) 选定区域衍射图(SADP)数据；(c)[0001]区上TiB_2(红色箭头)的SADP；(d) [001]区 TiB(绿色箭头) 的SADP

Ti+ TiB_2→2TiB反应中的Ti原子数不足。在相对低的Ti含量下，Ti原子结合在TiB背键中并均匀分布在TiB_2表面，并且大多数Ti—B键将不与TiB_2基质发生任何键合。这些表面可以为Ti原子的外延提供无序模板；因此，Ti原子吸附、反应、扩散和掺入TiB_2基体将被阻塞，导致TiB_2相中原子缺陷的形成。图2.107(d)说明了(20$\bar{2}$0)α_2，(110)TiB和(110)γ的相位，它们的平面间距分别计算为0.248 nm，0.236 nm和0.284 nm。因此，α_2、TiB和γ的取向关系可以确定为：(20$\bar{2}$0)α_2//(111)TiB //(110)γ。此外，如图2.107(d)所示，存在明显的位错。在SLM过程中，可以在重复的快速加热和冷却过程中产生较大的热梯度，这反过来导致在TiAl/TiB_2金属基复合材料内部形成一些残余应力，因此导致高密度的位错。

为了理解TiB_2含量对SLM制备的TiAl/TiB_2金属基复合材料硬度的影响，对样品S0、S1、S2和S3进行了纳米压痕测试。硬度定义为峰值压痕载荷(F_{max})与

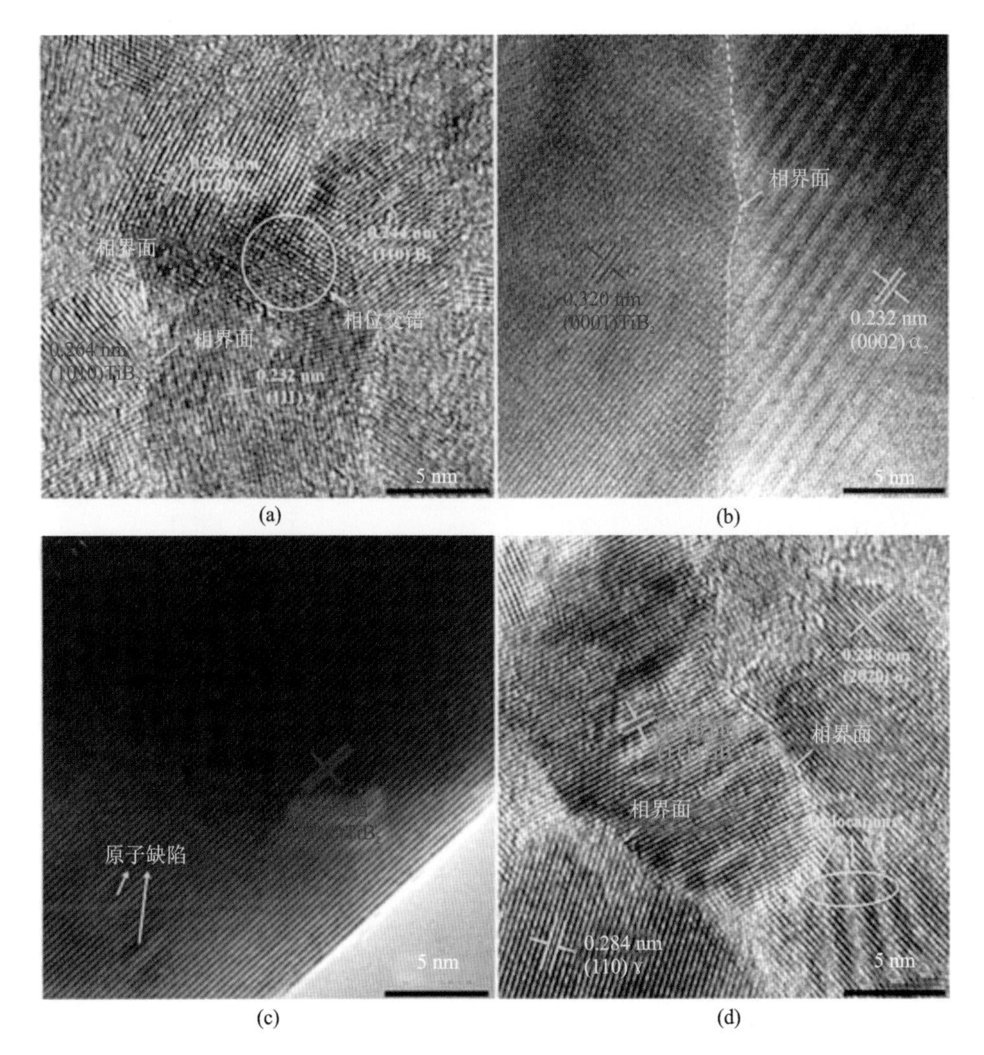

图 2.107　(a) α_2、B_2、γ 和 TiB_2 复合相的高分辨图；(b)α_2、TiB_2 交界处的高分辨图形；(c)具有原子缺陷的单个 TiB_2 相的高分辨图；(d)α_2、B_2 和 γ 相的高分辨图

硬度压痕的投影面积之比(A_c)。纳米硬度(H_d)可以从式(2-9)计算

$$H_d=\frac{F_{max}}{A_c}=\frac{F_{max}}{26.43\ h_c^2} \tag{2-9}$$

式中：h_c 是最大压痕载荷下的接触深度。

图 2.108(a)描绘了从俯视图在 S0、S1、S2 和 S3 的抛光部分上测量的纳米压痕载荷-深度曲线。发现当 TiB_2 含量从 0%增加到 2%时，压痕深度逐渐减小，但是如果 TiB_2 含量继续增加到 3%，则压痕深度稍微增加(见表 2.7)。如图 2.108(b)和表 2.7 所示，S0 的动态纳米硬度 H_d(9.38±0.47 GPa)低于样品 S1(9.96±0.50 GPa)、S2(10.57±0.53 GPa)和 S3(9.98±0.49 GPa)的纳米硬度，

表明 TiB_2 的增强效果。更重要的是，SLM 处理的 TiB_2/TiAl 金属基复合材料，对于所有给定的 TiB_2 含量，显示出具有比传统的轧制制备的 TiB_2 增强的 TiAl 基合金(6.73 GPa)和聚合物孪晶(PST)TiAl 基合金(7.4 GPa)更高的纳米硬度值。

表 2.7　SLM 制备 TiB_2/TiAl 复合材料制件的位移和纳米硬度

TiB_2 含量/(%)	位移/nm	纳米硬度/GPa
0	130.91±6.42	9.38±0.47
1	127.33±6.09	9.96±0.50
2	120.06±5.24	10.57±0.53
3	126.51±5.98	9.98±0.49

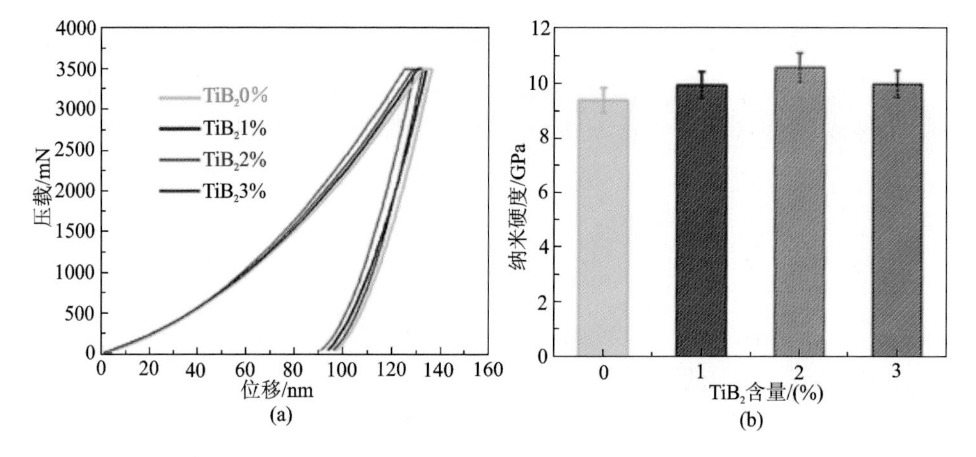

图 2.108　(a)加载-卸载曲线；(b)样品 S0、S1、S2 和 S3 的纳米硬度值

如今，没有清楚的图片说明 TiB_2 的含量如何影响 α_2 相的织构演变。此外，为什么一些微米 TiB_2 增强体在 SLM 过程中转变为纳米 TiB_2，以及纳米 TiB_2 颗粒如何分布在 TiAl 基体中仍然是不明确的。下面将讨论上述问题。

SLM 的显著特征在 TiAl/TiB_2 金属基复合材料中产生独特的微观结构。高能激光束在 SLM 过程中的快速移动导致 Ti-45Al-2Cr-5Nb 合金的快速熔化和快速凝固。因此，发生较大的热梯度。由于热梯度方向与 SLM 制造方向一致，Ti-45Al-2Cr-5Nb 合金的晶粒生长取向也与 SLM 制造方向一致。因此，样品 S0 表现出强烈的{0001}取向。随着 TiB_2 增强的加入，沿着取向的晶粒生长被破坏，因为 TiB_2 在异相成核中起重要作用。因此，晶粒生长方向已经改变并转变为$\{01\bar{1}1\}$和$\{11\bar{2}1\}$取向。此外，随着 TiB_2 增强材料含量的增加，异相成核的效果将更加明显。结果，{0001}取向的晶粒生长逐渐减弱，而$\{01\bar{1}1\}$和$\{11\bar{2}1\}$取向的晶粒生长持续增强。

微观结构的晶粒尺寸取决于温度梯度(G)和生长速率(R)。G 定义为一定距离内的温度差，R 由激光扫描角度和凝固材料的生长方向与激光移动方向之间的速度决定。微观结构的形态由 G/R 确定。随着 G/R 从低值到高值连续变化，逐渐形成等轴树枝状，柱状树枝状，细胞和平面微结构。微观结构的晶粒尺寸由冷却速率（$T=G\times R$）决定。冷却速率越高，产生的过冷度越大，因此引起更细的晶粒尺寸。由于快速的激光扫描速度（800 mm/s）和高的温度梯度，SLM 工艺通常能够实现极高的冷却速率，从而使 SLM 能成形微观结构非常精细的 $TiAl/TiB_2$ 金属基复合材料。然而，由于激光能量的高斯分布和热源的移动，冷却速率在激光扫描轨道上变化。激光能量在中心线处达到最大值，然后逐渐减小并最终在扫描轨道的边界处达到最小值。从这个角度来看，在轨道中心晶粒尺寸达到最小，并在轨道边缘达到最大值；因此，产生微结构的三个不同区域（C 区、T 区、F 区），如图 2.101(f)所示。

在 ODF 截面中观察到的 α_2 相的棱柱形纤维、基础纤维和锥形纤维织构主要由相中高温状态的滑移系统引起。六角形 α 相能够以相同的概率在棱柱、基底和金字塔平面上滑动。然而，由于 SLM 的独特过程，当创建新层时，先前的层将被部分或完全重新熔化。在这种情况下，存在许多独立的滑移系统，导致在 α_2 相的主要再结晶模式中具有 $\{10\bar{1}0\}$ $\langle 11\bar{2}0\rangle$ 取向的棱柱滑移。因此，棱柱形纤维组分显示出比基底和金字塔形纤维组分更高的强度。

事实上，α_2 相的棱柱、基底和金字塔纤维结构主要由两个因素决定：①独立滑移系统；②c/a 相的比例。随着 TiB_2 含量的增加 $\alpha\rightarrow\alpha_2+\gamma$ 和 $\alpha_2\rightarrow\gamma$ 的相变更容易发生，导致从“… Ti-Al-Ti-Ti-Ti-Al-Ti-Ti …”的转变。原子堆叠序列为“… Ti-Al-Ti-Al …”。因此，α_2 相的 c/a 比将增加。在这种情况下，对于 SLM 生产的 $TiAl/TiB_2$ 金属基复合材料，棱柱纤维独立滑移系统的含量将增加。因此，棱柱纤维强度随着 TiB_2 含量的增加而增加。此外，如果 Ti_3Al 等六方相的 c/a 比在 0.804～1.633 的范围内，则具有 $\{0001\}$ $\langle 11\bar{2}0\rangle$ 取向的基础纤维织构和具有 $\{10\bar{1}1\}$ $\langle 11\bar{2}0\rangle$ 取向的金字塔纤维织构通常沿着 $\langle 11\bar{2}0\rangle$ 方向。这解释了为什么基础纤维和金字塔纤维强度随着 TiB_2 含量从 1%(S1)增加到3%(S3)。

然而，当增加 TiB_2 的含量时，α_2 相的含量减少而 α_2 相的织构强度增加仍然存在争议。最好的解释之一是 α_2 相和 c/a 比的独立滑移系统的数量在确定 α_2 相的织构强度中起主导作用，尽管 α_2 相含量的减少对织构强度产生一些负面影响，但这些影响可以忽略不计。因此，当将 TiB_2 含量增加至 3%时，所有三种纤维织物均达到最大值，而 α_2 相的含量降至最小。此外，值得注意的是，当 TiB_2 的含量达到 2%时，锥形纤维的取向从 $\{10\bar{1}1\}$ $\langle 11\bar{2}0\rangle$ 转变为 $\{11\bar{2}2\}$ $\langle 11\bar{2}3\rangle$ 的原因仍然是未知的。

在 SLM 过程中，熔池中心的温度将高于 3000℃，这接近（或甚至超过）TiB_2（3225℃）的熔点。然而，由于激光源的快速扫描速度和连续移动，高温条件不会持续很长时间。因此，TiB_2 将部分熔化。由于熔池中液态金属流动产生的驱动力和拉力，熔融的 TiB_2 应均匀地分散在 TiAl 基体中，而未熔化的 TiB_2 将随机嵌入

TiAl基体中。如图2.109(a)所示，可以清楚地看到两种形式的TiB_2，即作为未熔化部分的针状微TiB_2和作为熔融颗粒的不规则纳米TiB_2。该观察验证了上述分析。同时，在针状微TiB_2部分中嵌入了椭圆形的B_2相，这可能是由$L \rightarrow L + TiB_2 \rightarrow \beta + TiB_2$相变引起的，然后β相有序地转变为$B_2$相并析出。如图2.109(a)所示为$TiB_2$两种增强形式的TEM图，高分辨TEM图像显示在图2.109(b)中。显然，纳米TiB_2均匀分布在基质中，长度为10 nm，宽度为3～5 nm。由于针状微TiB_2和不规则纳米TiB_2增强材料的均匀分布，SLM制造的$TiAl/TiB_2$金属基复合材料显示出比轧制的TiB_2增强TiAl合金对应物高得多的纳米硬度。

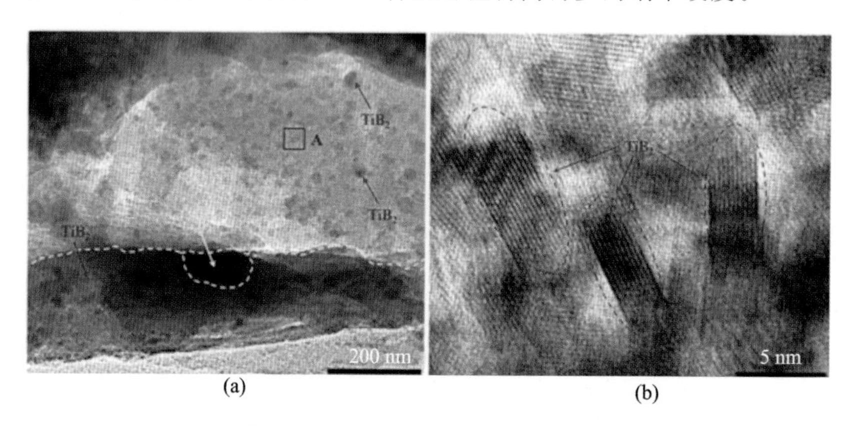

图2.109　TiB_2增强形式的TEM图

(a) TiB_2两种增强形式的TEM图；(b) (a)中区域A的高分辨图

研究了SLM制备的$TiAl/TiB_2$金属基复合材料的微观结构特征，织构演变、相变和纳米硬度。主要结论如下：

随着TiB_2含量的增加，以(1000)方向为主的粗晶近等微观组织逐渐转变为具有强$(10\bar{1}1)$和$(11\bar{2}2)$取向的精细的等轴晶微观结构。

TiB_2对SLM制备的$TiAl/TiB_2$金属基复合材料的织构有很大影响。随着TiB_2含量的增加，可以生产更多变形的$TiAl/TiB_2$金属基复合材料。当S1、S2和S3的EBSD测量中的总统计颗粒数分别为653、737和847时，由EBSD PF计算的结晶织构与从XRD PF获得的结晶织构高度一致，并且EBSD测量可以给出统计与XRD PF测量相当的有意义的织构信息。

经SLM制备的$TiAl/TiB_2$金属基复合材料以α_2相为主，并且还检测到少量的γ、B_2、TiB_2和TiB相。随着TiB_2含量的增加，α_2相减少，而γ、B_2和TiB_2和TiB相增加。α_2、γ、B_2、TiB_2和TiB相的取向关系可表示为：$(12\bar{2}0)\alpha_2//(110)B_2//(111)\gamma//(10\bar{1}0)TiB_2$和$(20\bar{2}0)\alpha_2//(111)TiB//(110)\gamma$、$(0002)\alpha_2//(0001)TiB_2$。$TiB_2$增强体在钛合金基体中以针状微米$TiB_2$和不规则的纳米$TiB_2$颗粒的形式存在。纳米$TiB_2$颗粒均匀分布在基体中，长度为10 nm，宽度为3～5 nm。

SLM制备的$TiAl/TiB_2$金属基复合材料中的α_2相织构包含具有$\{10\bar{1}0\}$

$\langle 11\bar{2}0\rangle$取向的棱柱形纤维的最重要的织构成分，具有$\{0001\}\langle 11\bar{2}0\rangle$取向的基础纤维和具有$\{10\bar{1}1\}\langle 11\bar{2}0\rangle$和$\{11\bar{2}2\}\langle 11\bar{2}3\rangle$的金字塔形纤维取向，其中棱柱纤维具有最高强度。随着 TiB_2 含量的增加，α_2 相的棱柱、基底和金字塔纤维都被强化。

TiB_2 颗粒的增强效应提高了 SLM 生产的 TiAl/TiB_2 金属基复合材料的纳米硬度，其范围为 9.38 ± 0.47 GPa 至 10.57 ± 0.53 GPa，远高于传统的轧制 TiB_2 增强 TiAl 合金对应物的纳米硬度(6.73 GPa)。

2.3　铝基复合材料

2.3.1　CNTs/AlSi10Mg 复合材料

在试验中首先通过湿法球磨来制备 CNTs/AlSi10Mg 复合粉末，然后再将该粉末用于 SLM 成形。研究了不同参数下复合材料微观组织和相的演变，还对其表面形貌、致密度和残余应力进行了表征。

图 2.110 所示为不同球磨参数(速度和时间)下制备的复合粉末的低倍 SEM 图。从图 2.110(a)、(c)中可以看出，当球磨时间较短(1 h 和 0.5 h)时，粉末没有发生团聚而且分散性好，这种粉末具有良好的流动性；而当球磨时间加到 1.5 h 后，粉末颗粒发生了严重的团聚，如图 2.110(b)、(d)所示；此外当转速增加到 300 r/min 后，团聚现象会更严重，这是因为，CNTs 之间由于具有很大的范德华力，会倾向于聚合成束。CNTs 最初是分散在 PVP 纯乙醇中，因在湿法球磨过程中只会产生少量的能量，AlSi10Mg 会继续保持初始的球形形貌，CNTs 则依附在 AlSi10Mg 颗粒的表面。因 CNTs 具有很高的表面能，如果球磨参数选取不当往往会造成 CNTs 发生团聚，球磨时间决定了 CNTs 在 AlSi10Mg 颗粒表面的含量，而球磨速度会影响粉末颗粒的分散性。

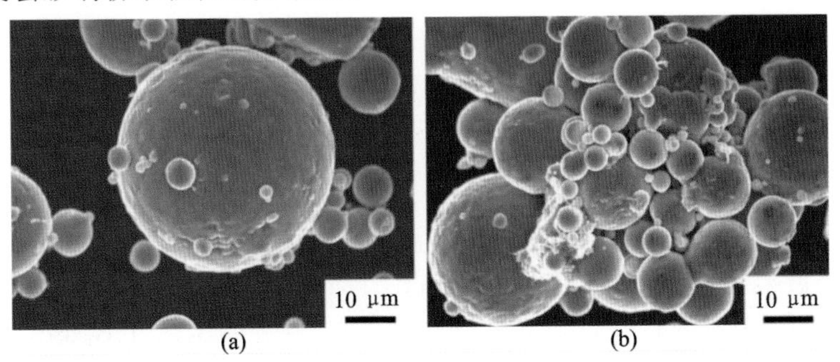

图 2.110　不同球磨参数(速度和时间)下制备的复合粉末的低倍 SEM 图

(a)100 r/min，1 h；(b)100 r/min，1.5 h；(c)300 r/min，0.5 h；(d)300 r/min，1.5 h

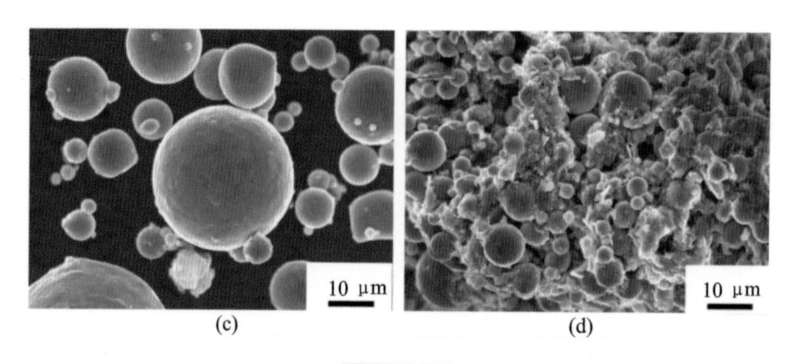

续图 2.110

图 2.111 所示为复合粉末高倍下的 SEM 图，从图中可以观察到 CNTs 在颗粒表面的分布情况。可以发现在球磨时间为 1 h、球磨速度为 100 r/min 时，如图 2.111(a)所示，CNTs 分布均匀，每个 CNTs 的直径约为 30 nm，并与相邻的 CNTs 分离开来；当球磨时间为 0.5 h、球磨速度为 300 r/min 时，如图 2.111(c)所示，在 SEM 图中间区域，CNTs 发生了团聚，测量出一根分离出来的 CNTs 的直径为 48.8 nm；当球磨时间和球磨速度都增加时，如图 2.111(b)和(d)所示，团聚现象会变得更严重。因此选取球磨时间 1 h、球磨速度 100 r/min 为制备复合粉末的最优参数。从图 2.112 的 XRD 图中可以看出，在 AlSi10Mg 和 CNTs/AlSi10Mg 复合粉末中都存在 α-Al 相和 Si 相，但由于添加的 CNTs 含量很低，在复合粉末中并没有发现 CNTs 相。

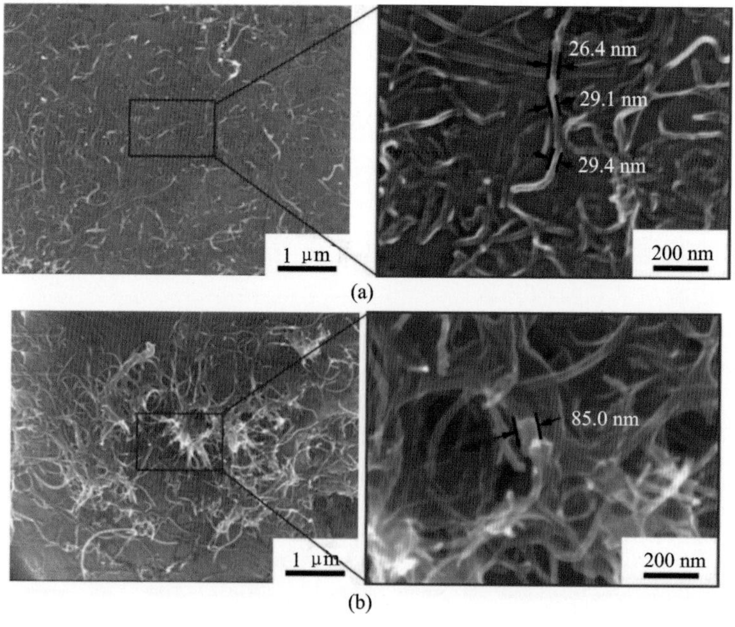

图 2.111　不同球磨参数(速度和时间)下制备的复合粉末的高倍 SEM 图

(a)100 r/min 和 1 h；(b)100 r/min 和 1.5 h；(c)300 r/min 和 0.5 h；(d)300 r/min 和 1.5 h

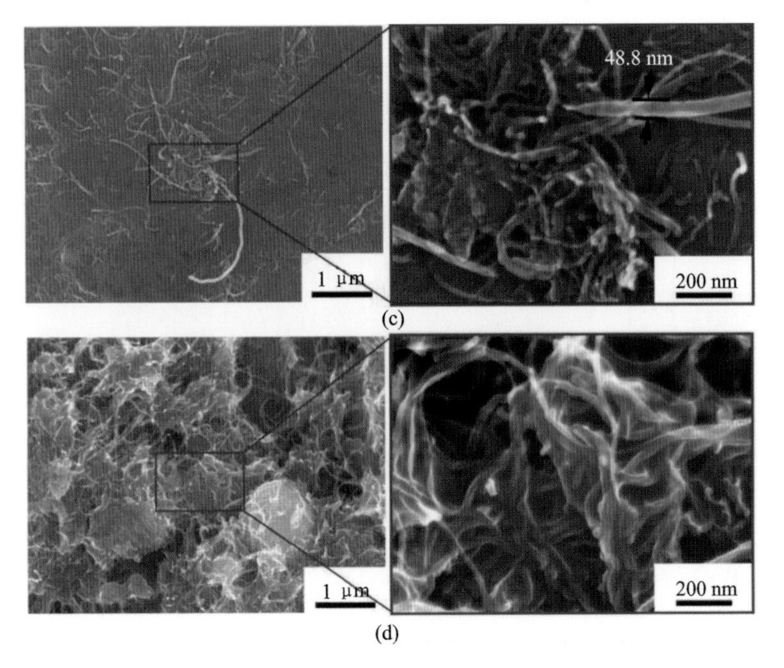

续图 2.111

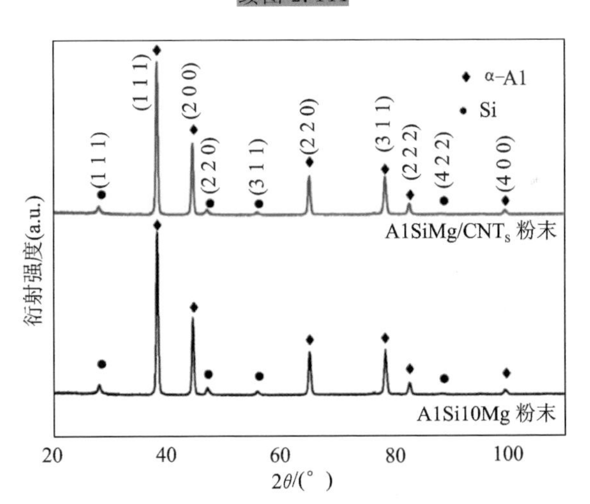

图 2.112　AlSi10Mg 和 CNTs/AlSi10Mg 复合粉末的 XRD 图

图 2.113 所示为九组不同参数下制备的试样图，根据成形参数按 1～9 对试样编号，可以观察到试样 7～9 表面有金属光泽，这说明了激光与材料间的相互作用良好，在试样 1～6 表面上有灰黑色的烟灰，这是因为复合粉末中有机残余物发生了分解。

图 2.114 显示了不同参数下成形的试样的致密度。如图 2.114(a)所示，当增加扫描速度时，试样的致密度从 90%降低到了 86%；当激光功率从 240 W 增加到 300 W 时，试样的致密度则从 90%上升到了 97%。已有研究表明，相对于不锈钢

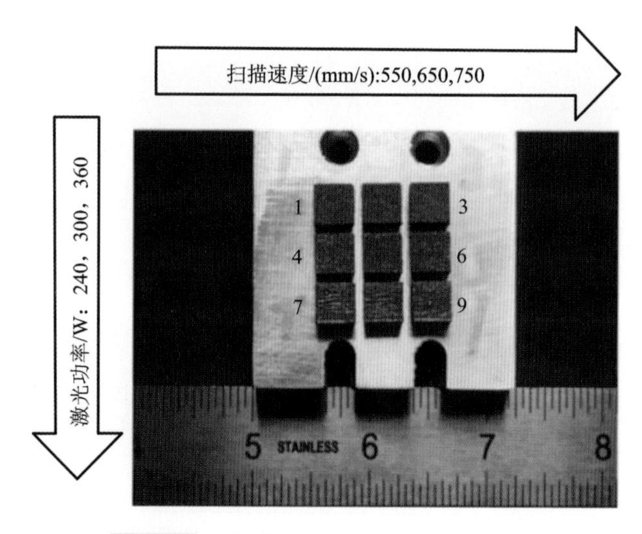

图 2.113 不同 SLM 成形参数制备的试样

或 Ti 基合金，使用 SLM 技术成形 Al 基合金的难度要大得多，这是由于铝合金粉末对激光的反射率很高。据报道，通过改变铝合金的成分可以提高激光吸收率，进而成形出致密度超过 99%的铝合金零件。在本研究中也出现了类似的现象，因此需要增加输入的激光能量来成形 CNTs/AlSi10Mg 复合材料。

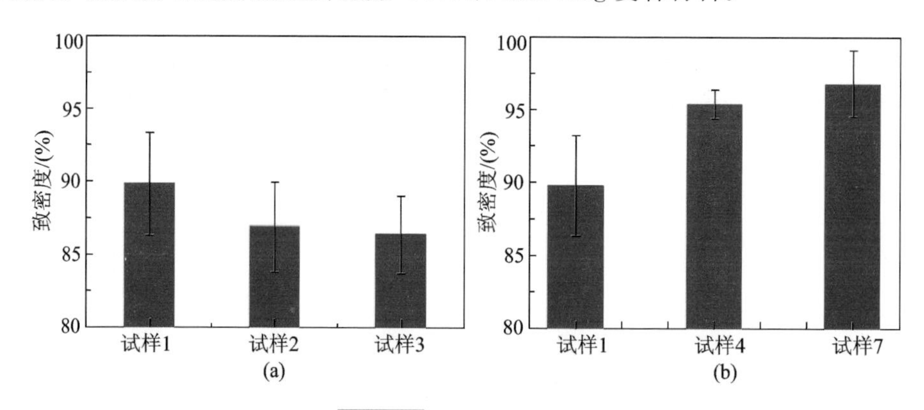

图 2.114 试样的致密度

(a)功率 240 W，扫描速度分别为 550 mm/s、650 mm/s、750 mm/s；

(b)扫描速度 550 mm/s，功率分别为 240 W、300 W、360 W

图 2.115 显示了 SLM 试样上表面的形貌。在图 2.115(a)中能看出试样表面熔化道不连续且存在许多孔隙；随着激光功率的增加，表面上的孔洞减少，如图 2.115(b)所示；当继续增大激光功率至 360 W 时，观察到试样的上表面很致密，如图 2.115(c)所示。图 2.116(d)～(f)显示的试样的三维光学图像更能表明表面形貌的信息，试样 7(功率为 360 W)的表面质量已得到了显著的提高。

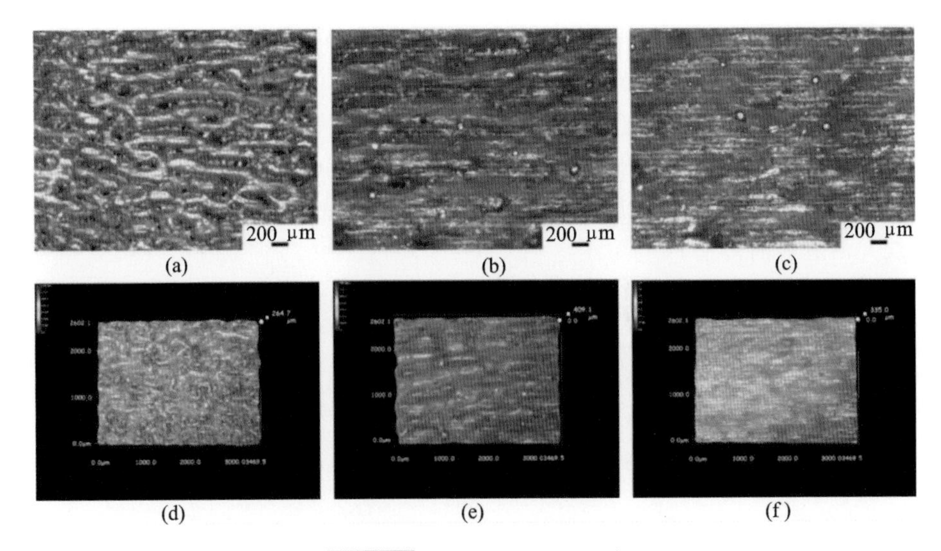

图 2.115　试样的上表面形貌

(a)(d)试样 1,550 mm/s,240 W;(b)(e)试样 4,550 mm/s,300 W;

(c)(f)试样 7,550 mm/s,360 W

图 2.116 所示为试样上表面的残余应力。如图 2.116(a)所示,试样 1 的残余应力很低(−4±12 MPa);然而,当激光功率为 360 W 时,残余应力增加到 124±37 MPa,由于试样 1 的孔隙率高,残余应力可以从孔隙和裂缝中释放出来,随着孔隙率的减小,残余应力增加。对于孔隙率低的试样(见图 2.116(b)),残余应力会随着扫描速率的提高而增加,因为高的扫描速率会增加熔池的温度梯度,从而产生更大的残余应力。

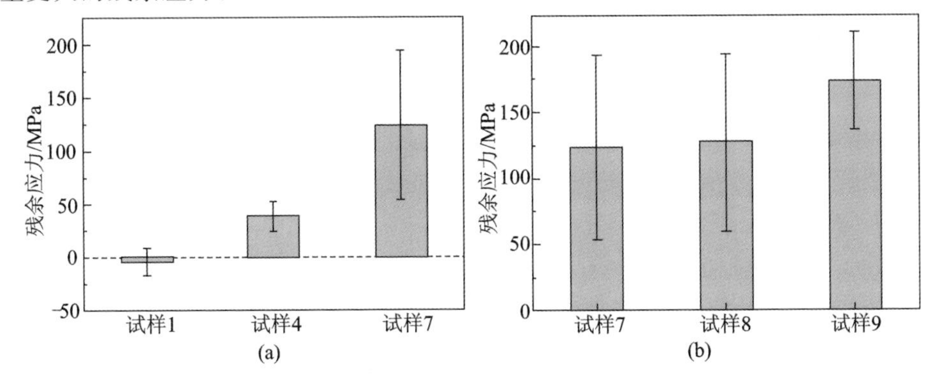

图 2.116　试样上表面的残余应力

(a)扫描速度 550 mm/s,功率分别为 240 W、300 W、360 W;

(b)功率 300 W,扫描速度分别为 550 mm/s、650 mm/s、750 mm/s

图 2.117 所示为试样 6(300 W,750 mm/s)的 SEM 图,可以观察到试样中生成了许多孔隙和裂纹,图 2.117(a)中的孔洞可以分为球形孔隙和不规则孔隙,球形孔隙的尺寸在 20 μm 以下,而不规则孔隙尺寸较大(超过 50 μm)。球形孔隙的

形成源于成形过程中熔池内和粉末中的气体。由于 CNTs 具有较高的表面能，它们可以在复合粉末中夹带气体，在 SLM 成形过程中，这些气体会保留在成形件中。不规则孔隙形成是由于在快速凝固过程中缺口填充不完全所致，如图 2.117(b)垂直截面所示，可以观察到一些长度大于 200 μm 的裂纹，AlSi10Mg 容易在熔化层顶部与氧气反应形成一层氧化层，因为氧化物和金属间的润湿性很差，所以会形成长裂纹并沿着表面传播。

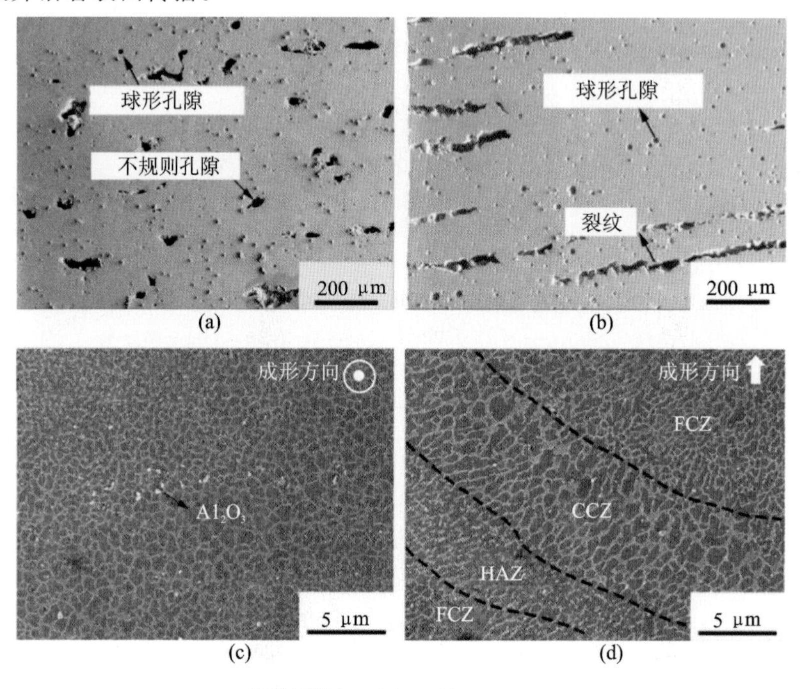

图 2.117 试样 6 的 SEM 图

(a)(c)水平截面；(b)(d)垂直截面

图 2.117(c)、(d)是高倍 SEM 图，其微观组织和 SLM 制备的铝合金件很相似，都为细小的胞状树枝晶组织。图 2.117(c)中显示了在组织中有 Al_2O_3 生成，这是 SLM 成形过程中发生氧化的结果。在图 2.117(d)中，可以明显辨别出三个不同的区域，据报道，SLM 成形铝合金的显微组织受两个重叠的熔化道和后续形成的层所产生的热量的影响，这两个过程都会造成局部热处理和粗晶区中晶粒粗化，Si 相在热影响区域变成了不连续的颗粒，虽然在复合粉末中观察到了 CNTs，但是根据微观结构很难找到 CNTs 存在的痕迹，这也就表明 CNTs 发生了分解。同时，很容易发现激光功率越高，越有助于初生 α-Al 晶粒的生长。

图 2.118 为试样 7(360 W，550 mm/s)的横截面 SEM 图。可以发现，在高激光功率下能够消除掉不规则孔隙和裂纹，在垂直和水平截面上都分布着均匀的球形孔隙，球形孔隙可以归因于激光作用下 CNTs 的分解和气体的形成。这为成形多孔构件提供了一种新的方法，在能量吸收、减轻重量和其他应用中有很大的应

用前景。

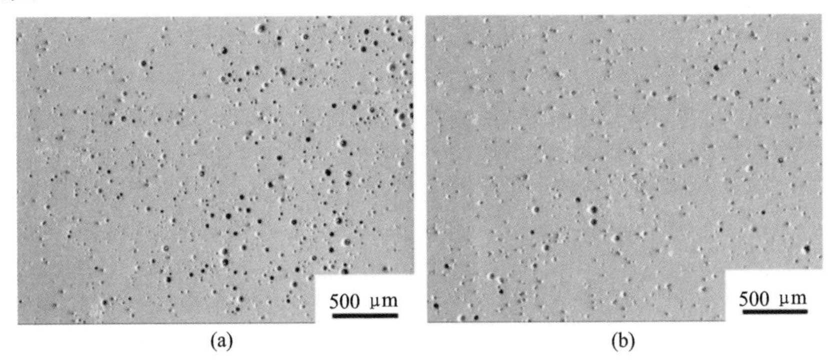

图 2.118 试样 7(550 mm/s、360 W)的 SEM 图

(a)水平截面；(b)垂直截面

图 2.119 所示为微观组织的 SEM 图和 EDS 结果。图 2.119(a)～(c)分别为不同功率(240 W、300 W 和 360 W)下成形出的复合材料的微观组织图，根据微观组织和 XRD 结果，在基体中没有发现 CNTs。如图 2.119(d)所示为使用 EDS 扫描测定了 C 元素分布的结果，可以看出，C 元素分布均匀，而 Si 元素集中分布在初生 Al 晶粒边界。为了检测 CNTs 是否存在，用 NaOH 溶液对试样进行了腐蚀，在 SEM 图中发现了具有纳米尺度的薄共晶硅片，如图 2.119(e)所示。

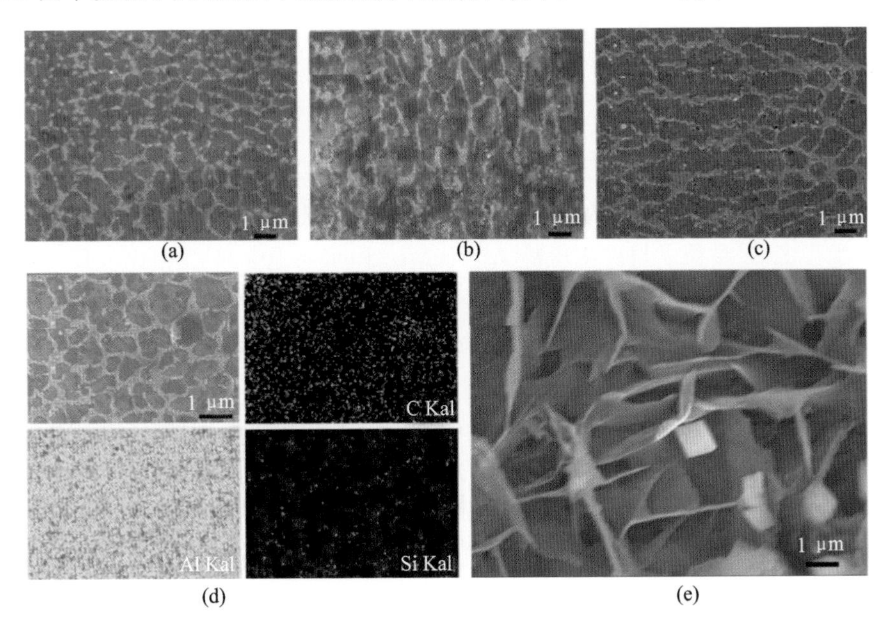

图 2.119 不同功率下试样微观组织的 SEM 图和 EDS 结果

(a)240 W(试样 1)；(b)300 W(试样 7)；(c)360 W(试样 7)；

(d)试样 6 的 EDS 结果；(e)NaOH 溶剂腐蚀后的 SEM 图

图 2.120 的 XRD 结果表明了在试样中存在 α-Al 和共晶 Si 相，灰色且具有胞状特征的是初生 α-Al，α-Al 晶粒边界的白色物质即为共晶 Si 相。然而根据 XRD 并没有检测出 Mg_2Si 析出相、CNTs 以及 Al_4C_3。SLM 过程的高冷却速率会造成元素的过饱和，在 Al 基体中固溶进过多的 C 会抑制 Mg_2Si 的析出。虽然在成形过程中没有新相生成，但 Si 相的峰强有所减弱，α-Al 晶粒择优生长方向从(110)转变到了(200)晶面。由于 SLM 过程具有高冷却速率，使得共晶 Si 相很难析出和长大，考虑到 SLM 过程中不同的激光功率下具有不同的受热过程，高激光功率下 SiC 相生长时间延长，这会提高 SiC 相的峰强。

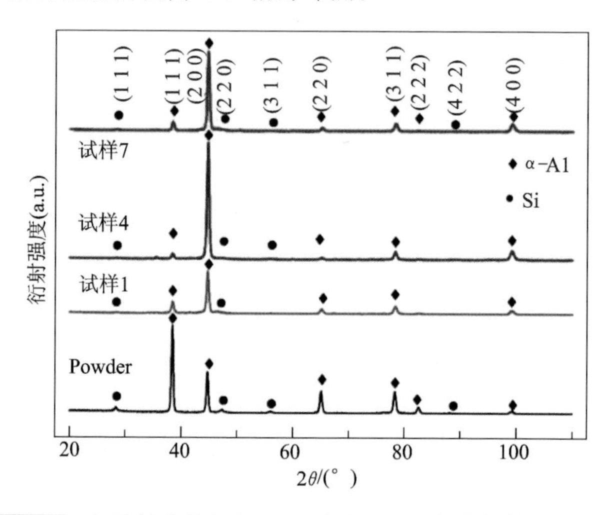

图 2.120 初始复合粉末和 CNTs/AlSi10Mg 复合材料的 XRD 图

图 2.121 显示了不同参数成形的 CNTs/AlSi10Mg 复合材料的维氏硬度，致密度和硬度会随着激光功率的增加而增加，在高扫描速度条件下，可以在 Al 基体中得到细小的 Si 晶粒。与高压压铸 AlSi10Mg 件(95～105 HV)相比，SLM 方法制备的复合材料件具有更高的硬度，9 号试样的维氏硬度为 123±20 HV3，这与 Thijs 的研究中的结果相似，结果中出现较大的标准差是由于试样中存在着缺陷。可以得出一个结论：虽然 CNTs 会发生分解，但分解出的 C 元素有助于提高试样的硬度。

CNTs 均匀分布在 AlSi10Mg 颗粒的表面，当激光束照射到复合粉末表面时，激光能量会首先被 CNTs 吸收，虽然多壁 CNTs 沿轴向具有极高的热导率(＞300 W/(mK)，但沿径向的热导率却相对较低，因此激光能量不能很好地传递到 AlSi10Mg 合金中，熔化 CNTs/AlSi10Mg 复合粉末则需要更多的激光能量。据报道，当 CNTs 被加热到一定的温度时，CNTs 的特殊结构发生破坏。由于多壁 CNTs 中存在大量的初始缺陷，因此 CNTs 的高温稳定性较低，SLM 成形过程中温度很高，会导致 CNTs 发生分解和蒸发，同时，由于高碳浓度梯度会导致一些碳原子扩散到熔池中，因此 C 元素会均匀分散到基体中。C 被广泛用作强化元素，

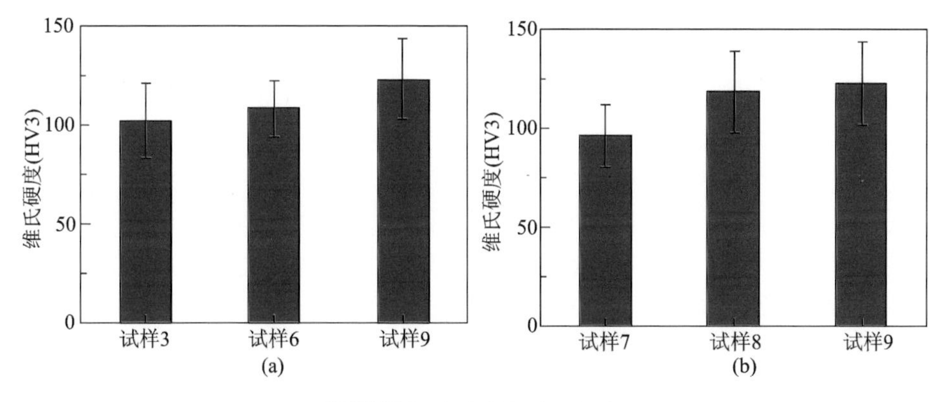

图 2.121 复合材料维氏硬度

(a)750 mm/s,激光功率分别为 240 W、300 W、360 W;

(b)360 W,扫描速度分别为 550 mm/s、650 mm/s、750 mm/s

但由于 C 会与铝合金基体生成 Al_4C_3 脆性相,往往被视为一种有害元素。在本研究中,可以发现一个有趣的结果,在成形 CNTs/AlSi10Mg 复合材料过程中并没有生成 Al_4C_3。Al_4C_3 相存在于 600～1000℃之间,高于 1400℃后会发生分解。在冷却过程中,α-Al 和 Si 相在高温阶段被保留下来,同时,Al_4C_3 由于快速冷却(10^4～10^5 K/s)而难以形成。SLM 工艺为成形 C 元素增强 Al 基复合材料提供了一种新的思路。

2.3.2 TiC/Al-15Si 复合材料

Al-15Si 因具有较高的 Si 含量而展现出优越的耐磨性和较高的硬度,本试验主要对 SLM 成形 TiC 增强 Al-15Si 进行研究,重点考察了 TiC 增强相、激光重熔和热处理对维氏硬度和耐磨性的影响。成形中通过选择合适的条件以期获得较高的维氏硬度和较好的耐磨性,满足高强度和硬度的应用要求。

试验采用纯度为 99.5%的球形($D_{50}=25$ μm)Al-15Si 粉末和纯度为99.7%的近球形($D_{50}=6$ μm)TiC 粉末。首先,利用高能球磨将两种粉末混合在一起,磨球和粉末的质量比为 1∶1,球磨速度为 200 r/min,时间为 4 h。接着,将混好的粉末利用 SLM 成形,成形所使用的设备为 HRPM-Ⅱ(华中科技大学自主研发设备)。成形过程中,在成形腔内充满氩气,以防止成形过程中试件被氧化。本试验采用优化的工艺参数如下:激光功率 360 W,扫描速度 650 mm/s,扫描间距0.06 mm,层厚 0.02 mm。同时,为了考察热处理对硬度和耐磨性的影响,将试样置于 623K 保温 6 h 后,一半的试样随炉冷却(退火),剩余一半的试样用水冷却(淬火)。

采用阿基米德排水法测量试样的致密度,并通过 Wilson 硬度机(432SVD)测量其维氏硬度,测试施加的载荷为 1 kg,加载时间为 15 s。在 MFT-5000 (Rtec Instrument,美国)摩擦磨损试验机上进行一系列的摩擦磨损实验,其中加载的力为 3 N，时间为 15 min。使用的摩擦副为直径 6.3 mm 的 GCr15 轴承钢球，摩擦副的平均硬度为 60 HRC，摩擦频率为 4.5 Hz，通过共焦扫描光学显微镜（Micromeasure2，法国）来测量试样的磨损量 V。磨损速率 w(mm^3/(N·m))通过公式 $w=V/FL$ 计算得到，其中 F 为接触力，L 为总滑移长度。摩擦表面形貌通过 SEM（JSM-7600F，日本）观察。

表 2.8 是 SLM 成形的 Al-15Si 和 Al-15Si/TiC 试样的致密度，从表中可以看出，激光重熔使得成形件的致密度增加了约 1%，这是因为激光重熔扫描策略能够将试样表面污染物和氧化膜去除，并在原子级别提供一个较干净的固-液界面，从而实现更好的熔化。此外，从表中可以看出，掺杂了 TiC 试样的致密度要比不掺杂的低。这是因为在 SLM 成形过程中，TiC 使 Al 合金熔液的黏度增加，流动性降低，熔液的流变学行为变差。

表 2.8 不同试样的致密度

试样	Al-15Si	Al-15Si（重熔）	Al-15Si/TiC	Al-15Si/TiC（重熔）
致密度/（%）	96.92	98.05	96.25	97.13

图 2.122 描述了 Al-15Si 和 Al-15Si/TiC 在不同成形工艺及热处理条件下试样上表面的维氏硬度。可以看出，由 SLM 加工得到的试样具有较高的维氏硬度值，这是因为 SLM 工艺是一个急速冷却的过程，急冷后获得细小的晶粒，使硬度升高。其中，热处理（退火或淬火）之后，试样的硬度值下降了大约 6%～35%。然而，激光重熔得到的 Al-15Si/TiC 试样硬度值降低最少，大约 6%，这是因为激光重熔过程使得试样中的残余应力降低，使其在 SLM 过程中保持组织结构稳定。此外，TiC 颗粒还能够抑制在负载过程中基体发生的局部变形，因此，其硬度在经过热处理后降低最少。

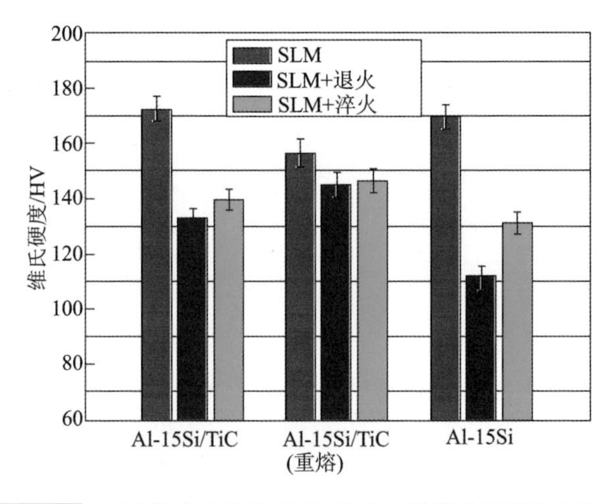

图 2.122 TiC 掺杂和热处理对 Al 合金试样维氏硬度的影响

为了研究 SLM 成形的 Al-Si 合金维氏硬度和耐磨性之间的关系，本试验选择了三组典型试样。所选试样的摩擦系数和磨损速率如图 2.123 所示，图 2.124 为其对应磨损表面的 SEM 图。由图 2.123(a)可以看出，在摩擦的初始阶段，试样的摩擦系数变动较大。而当试样表面的氧化膜被破坏，与摩擦副直接接触摩擦时，试样的摩擦系数值开始变得稳定。

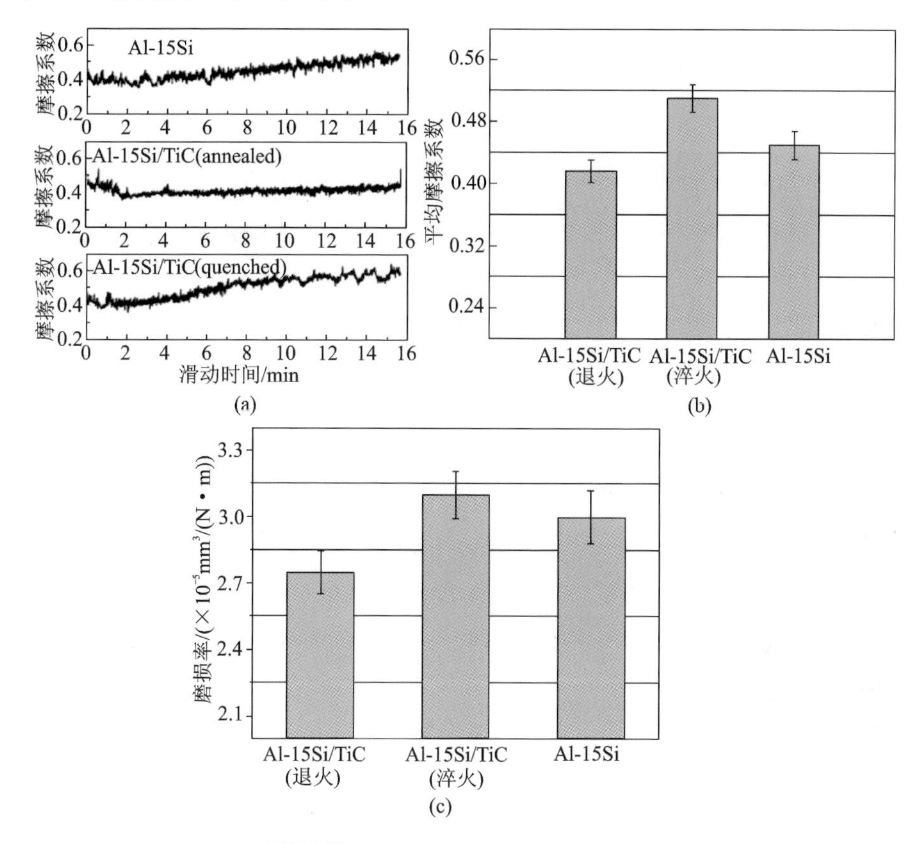

图 2.123 试样的摩擦系数和磨损速率

(a)摩擦系数随时间的变化；(b)平均摩擦系数；(c)不同试样的磨损速率

通常情况下，硬度较高其耐磨性也会较好。然而，在本试验中，加入 TiC 和经过热处理得到的样品，其硬度与耐磨性的关系发生了改变。如图 2.123(b)、(c)所示，Al-15Si 的维氏硬度值较高(170 HV)，平均摩擦系数为 0.45，磨损速率为 3.0×10^{-5} $mm^3/(N\cdot m)$，其摩擦表面破损严重，磨痕较深且磨槽较宽，如图 2.124(a)、(b)所示。而经过淬火得到的 Al-15Si/TiC 试样在三组试样中性能最差，其硬度值下降到 147 HV，摩擦系数为 0.51，磨损速率为 3.1×10^{-5} $mm^3/(N\cdot m)$，如图 2.123(b)和 2.123(c)所示。而且其摩擦表面上明显覆盖着许多被压实的磨屑，如图 2.124(e)、(f)所示。此外淬火 Al-15Si/TiC 试样表面的 TiC 在摩擦过程中脱离基体充当磨粒，因此在摩擦磨损试验中伴随着磨粒磨损的现象。

TiC 脱离是由于经过淬火处理后，试样的延展性降低，在基体上的附着能力变弱导致的。

对于经过退火处理的 Al-15Si/TiC 试样，不仅硬度最低，但其摩擦系数和磨损速率也最低，分别为 0.42 和 2.75×10^{-5} $mm^3/(N\cdot m)$，如图 2.123(b)、(c)所示。其摩擦表面上磨槽较窄，磨屑较少，如图 2.124(c)、(d)所示。在摩擦过程中，磨屑很难从基体中脱离，这是因为退火使得材料延展性提高，TiC 在基体上的附着能力变强。除此之外，TiC 还承受了摩擦过程中大部分的力并抑制了表面的塑性变形，因此，由激光重熔和退火得到的 Al-15Si/TiC 试样其耐磨性最好。

图 2.124 摩擦表面的 SEM 图

(a)(b)SLM 成形的 Al15Si；(c)(d)经过退火处理的 SLM 态 Al-15Si/TiC；

(e)(f)经过淬火处理的 SLM 态 Al-15Si/TiC

本试验研究了 TiC、激光重熔和热处理对 SLM 成形的 Al-15Si 的致密度、维氏硬度和耐磨性的影响。结果显示，加入 5%的 TiC，并采用激光重熔扫描策略，且经过退火处理后的 Al15Si/TiC 试样，性能最好，其致密度为 97.13%，硬度为 145 HV，摩擦系数为 0.42，磨损速率为 2.75×10^{-5} $mm^3/(N\cdot m)$。本研究为将来提高 Al15Si 的硬度和耐磨性等性能提供了一个重要方法。

参考文献

[1] SONG B, DONG S, CODDET P, et al. Microstructure and tensile behavior of hybrid nano-micro SiC reinforced iron matrix composites produced by selective laser melting[J]. Journal of Alloys and Compounds, 2013, 579: 415-421.

[2] SONG B, DONG S, CODDET C. Rapid in situ fabrication of SiC/Fe bulk

nanocomposites by selective laser melting directly from a mixed powder of microsized Fe and SiC[J]. Scripta Materialia, 2014, 75:90-93.

[3] SONG B, WANG Z, YAN Q, et al. Integral method of preparation and fabrication of metal matrix composite: selective laser melting of in-situ nano/submicro-sized carbides reinforced iron matrix composites[J]. Materials Science and Engineering: A, 2017, 707: 478-487.

[4] ZHAO X, WEI Q, GAO N, et al. Rapid fabrication of TiN/AISI 420 stainless steel composite by selective laser melting additive manufacturing[J]. Journal of Materials Processing Technology, 2019, 270:8-19.

[5] 赵晓. 激光选区熔化成形模具钢材料的组织与性能演变基础研究[D]. 武汉:华中科技大学,2016.

[6] 程灵钰. SLM 制备不锈钢与纳米羟基磷灰石复合材料研究[D]. 武汉:华中科技大学,2014.

[7] SHISHKOVSKII I V, YADROITSEV I A, SMUROV I U. Selective laser sintering /melting of nitinol – hydroxyapstite composite for medical applications[J]. Powder Metallurgy and Metal Ceramics, 2011, 50: 5-6.

[8] WANG F, WU X H, CLARK D. On direct laser deposited Hastelloy X: dimension, surface finish, microstructure and mechanical properties[J]. Mater Sci Tech—Lond, 2011, 27(1): 344-356.

[9] ARIF A F M, YIBAS S. Thermal stress developed during the laser cutting process: consideration of different materials[J]. International Journal of Advanced Manufacturing Technology, 2008, 37: 698-704.

[10] ZHANG Y, ZHANG J, YAN Q, et al. Amorphous alloy strengthened stainless steel manufactured by selective laser melting: Enhanced strength and improved corrosion resistance. Scripta Materialia, 2018, 148:20-23.

[11] 胡辉,周燕,文世峰,等. 激光选区熔化成形 TiB_2 增强 S136 模具钢[J]. 中国激光,2018,45(12): 131-140.

[12] 胡辉. 激光选区熔化成形 TiB_2 增强 S136 模具钢工艺、组织及性能研究[D]. 武汉:华中科技大学,2019.

[13] RADOSLAW C. Influence of the TiB_2 content on microstructure and mechanical properties of TiB/Ti6Al4V composite manufactured by selective laser melting [D]. Wuhan: Huazhong University of Science and Technology, 2017.

[14] CAI C, RADOSLAW C, ZHANG J, et al. In-situ preparation and formation of TiB/Ti-6Al-4V nanocomposite via laser additive manufacturing: Microstructure evolution and tribological behavior[J]. Powder Technology, 2018.

[15] CHOMA T. Influence of processing parameters on microstructure and me-

chanical properties of in situ TiB/Ti-6Al-4V composites manufactured by selective laser melting[D]. Wuhan：Huazhong University of Science and Technology，2017.

[16] LI W，YANG Y，LIU J，et al. Enhanced nanohardness and new insights into texture evolution and phase transformation of TiAl/TiB_2 in-situ metal matrix composites prepared via selective laser melting[J]. Acta Materialia，2017，136：90-104.

[17] ZHAO X，SONG B，FAN W R，et al. Selective laser melting of carbon/AlSi10Mg composites：microstructure，mechanical and electronical properties[J]. Journal of Alloys and Compounds，2016，665：271-281.

[18] ZHOU Y，DUAN L，WEN S，et al. Enhanced micro-hardness and wear resistance of Al-15Si/TiC fabricated by selective laser melting[J]. Composites Communications，2018，10：64-67.

第 3 章　激光 3D 打印金属基复合材料的应用

3.1　航空航天领域

航空航天领域的零件具有服役条件苛刻、结构复杂和附加值高等特点，利用传统加工方法通常面临制造工序多、周期长、复杂结构难以成形甚至无法制造等问题。3D 打印技术无需模具和刀具，可实现任意复杂结构零件的快速制造，特别适合航空航天领域单件和小批量新产品的研制和生产。SLM 由于具有以上优势而受到了航空航天领域的特别关注，成形的金属零件已获局部装机应用。

图 3.1 所示为采用 HK M280 成形的钛合金涡轮盘和铝合金叶轮。另外，多孔结构在航空航天零件轻量化方面发挥着重要作用，而 3D 打印成形方式适合成形这些零件，图 3.2 即为不锈钢材料成形的空间网状结构及点阵结构。

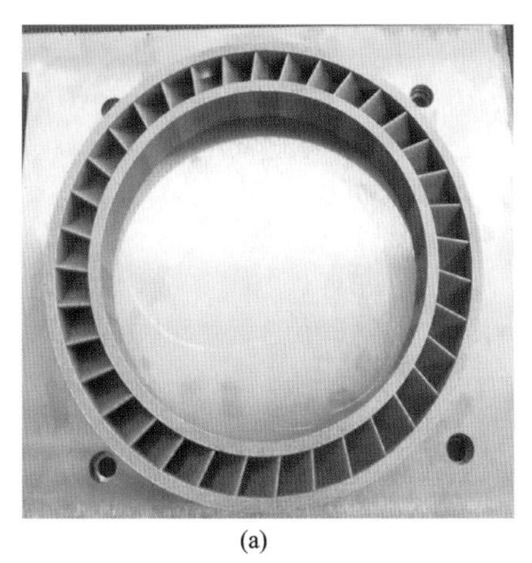

(a)

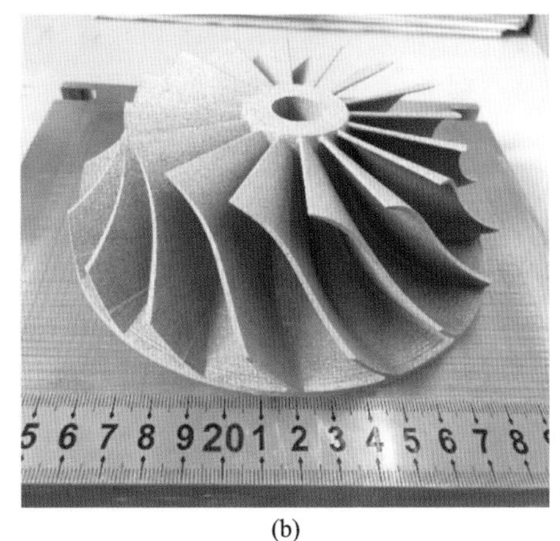

(b)

图 3.1　SLM 成形的零件

(a)钛合金涡轮盘；(b)铝合金叶轮

复合化是新材料的重要发展方向，复合材料热稳定性好，比强度、比刚度高，已经成为航空航天结构的基本材料之一。目前，航空航天领域应用较广的复合材料主要包括尼龙/碳纤维、树脂基、金属基、碳基和陶瓷基等复合材料。例如，陶瓷

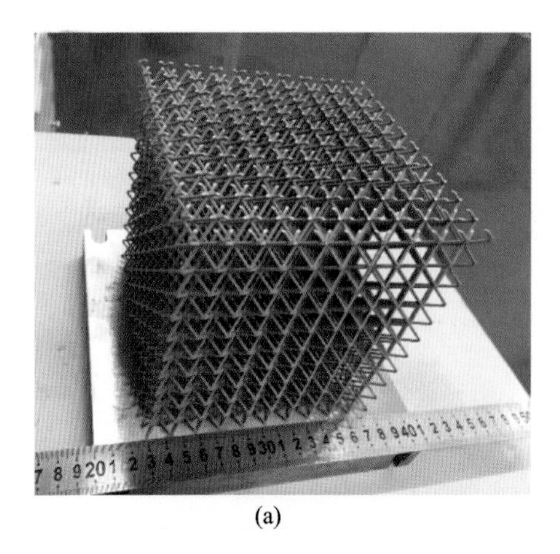

(a)

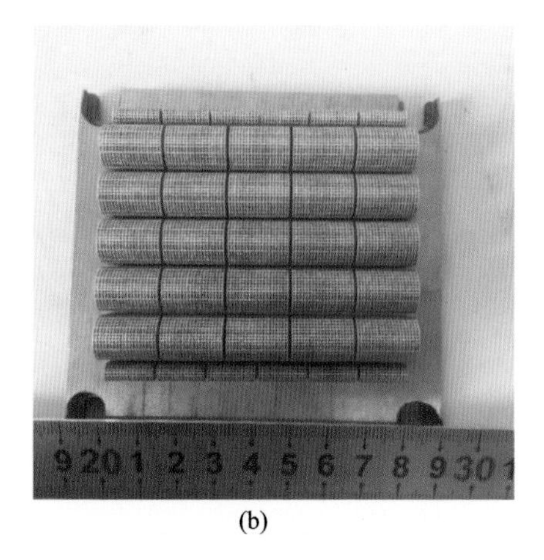

(b)

图 3.2 SLM 成形的不锈钢制件

(a)空间网状结构；(b)点阵结构

颗粒增强金属基复合材料 B_4C_p/Mg-Li 不但减轻了航空航天材料的重量，而且比硬度比纯工业铝、镁合金高 22%，材料拉伸性良好。

普惠公司第一代齿轮传动涡扇发动机(GTF)利用了 SLM 技术，与传统锻造或铸造相比，原料消耗降低了 50%，所用原料与成形零件的重量之比由 20∶1 降低至 2∶1。

新型航空航天器中常需制造出复杂内流道结构以便于得到理想的温度控制、优化的力学结构，避免危险的共振效应，使同一零件不同部位承受不同的应力状态。3D 打印技术区别于传统的机械加工手段，几乎不受限于零件的形状，且可以获得最合理的应力分布结构，通过合理的复杂内流道结构实现最理想的温度控制，通过不同材料复合实现同一零件不同部位的功能需求等。如通用航空公司设计的内置流道的航空发动机叶片。

3.2 生物医疗领域

生物医用材料是指用来对生物体进行诊断、治疗、修复，或替换病损组织、器官，或增进组织、器官功能的材料。随着社会发展和科技进步，生物材料的范围不断扩大，所有植入人体并与人体组织直接接触并起到一定作用的材料都称为生物医用材料。生物医用材料的研究与开发，与人类的健康息息相关，对于社会的和谐发展具有重大意义。

随着人口数量的增长和社会步入老龄化，人们对生物医用材料的需求量越来越大。然而我国在医用材料开发生产方面与发达国家仍有较大差距，临床使用的很多医用材料需进口，增加了国民医疗费用，因此发展我国的生物医用材料具有非常重要的实际意义。

人体骨骼主要由钙和磷的化学物组成，以结晶羟基磷灰石和胶质磷酸钙的形态分布于有机质中。与天然骨骼成分接近的羟基磷灰石、磷酸钙及类似陶瓷成为骨骼植入体的理想材料。但是，陶瓷加工性差，制备与成形工艺复杂，由生物陶瓷制成的骨骼修复体，虽然具有良好的生物相容性和骨诱导能力，但强度和韧度较低，限制了其在承重骨修复中的应用。高分子材料也是一类重要的生物材料，但机械强度较低，降解容易引起局部 pH 值下降，导致无菌性炎症。另一类重要的生物材料为金属类材料，包括不锈钢、钴铬合金、钛及钛合金等，具有良好的耐蚀性、生物相容性及力学性能。图 3.3 所示即为钛合金成形的人体关节支架。

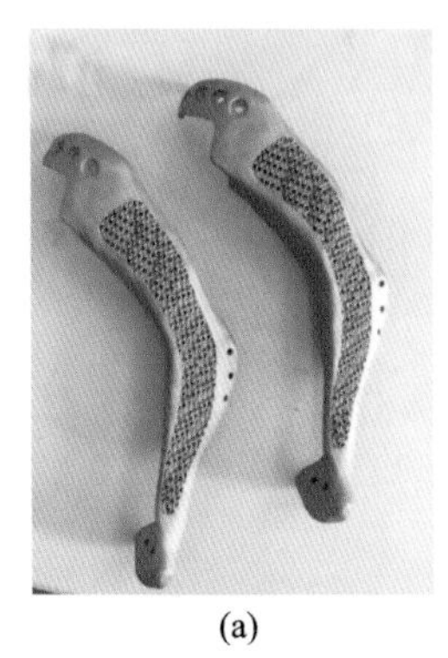
(a)

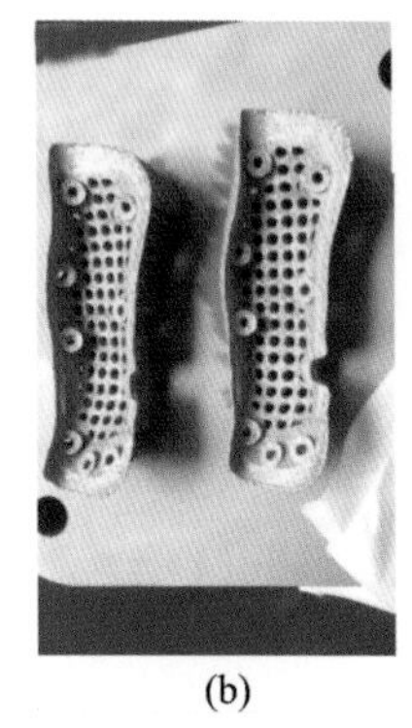
(b)

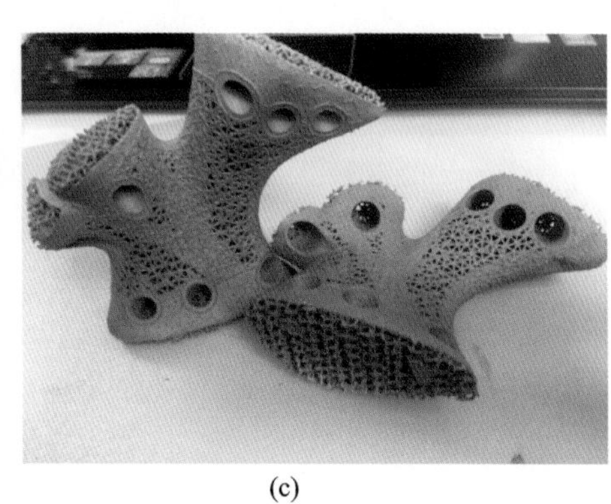
(c)

图 3.3　SLM 成形的钛合金人体关节支架

3.3　模具领域

模具是当代制造业中不可或缺的特殊基础工业装备，主要用于高效大批量生产工业产品中的有关零部件和制件，是装备制造业的重要组成部分。在电子、汽车、电机、电器、仪器、仪表、家电和通信等产品中，60%～80%的零部件，都要依靠模具成形。用模具生产制件所表现出来的高精度、高复杂程度、高一致性、高生产率和低消耗，是其他加工制造方法所不能比拟的。同时，模具又是“效益放大器”，用模具生产的最终产品的价值，往往是模具自身价值的几十倍、上百倍。模具技术水平在很大程度上决定着产品的质量、效益和新产品的开发能力，是衡量一个国家产品制造水平的重要标志，是一个国家工业产品保持国际竞争力的重要保证之一。

高档模具以具有大型、精密、复杂、长寿命等特点的模具为代表，如重量达到 120 t 的巨型模具、加工精度达到 0.3～0.5 μm 的超精密模具、使用寿命达到 3～4 亿次的超长寿命模具等，这些高端模具对加工制造技术和材料提出了挑战。3D 打印技术对于具有复杂结构的模具的成形制造具有十分突出的优势，可以成形许多过去难以制造的复杂结构模具，并大大减少了加工工序，缩短了加工周期。如

图 3.4 所示为利用 SLM 成形的具有随形冷却流道结构的 S136 镶件。用该镶件试模生产得到的透明盒盖产品与直流道注塑产品的对比如图 3.5 所示。可以看到直流道的注塑产品在浇口处发白严重，影响透明盒盖的美观，而利用 SLM 成形的具有随形冷却流道的模具镶件注塑的透明盒盖，其浇口处的发白现象得到了明显的改善。

图 3.4　SLM 成形的 S136 模具镶件

(a) 未处理的镶件；(b) 抛光处理的镶件；(c) 镶件剖面

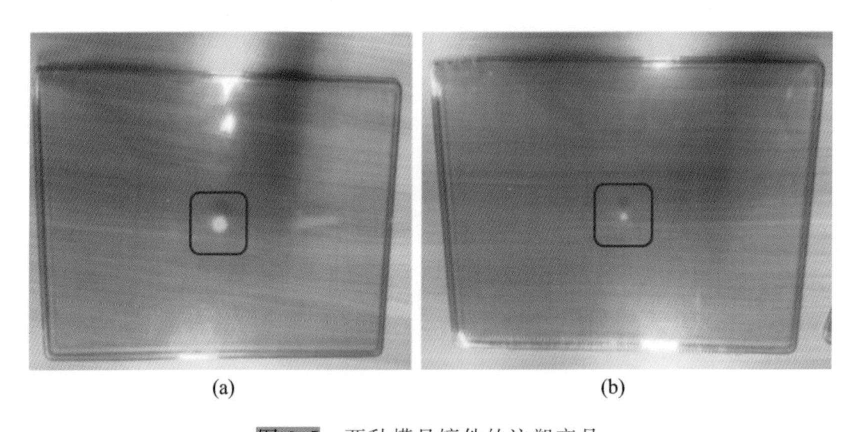

图 3.5　两种模具镶件的注塑产品

(a) 直流道产品；(b) 随形冷却流道产品

参考文献

[1] 王强，孙跃. 增材制造技术在航空发动机中的应用[J]. 航空科学技术，2014，25(09)：6-10.

[2] 董鹏，陈济轮. 国外选区激光熔化成形技术在航空航天领域应用现状[J]. 航天制造技术，2014(01)：1-5.

[3] 何莉萍，杜海清，唐绍裘. 陶瓷颗粒增强轻金属基复合材料的现状与展望[J].

中国陶瓷,1996(05):36-38.

[4] 薛芳,韩潇,孙东华. 3D打印技术在航天复合材料制造中的应用[J]. 航天返回与遥感,2015,36(02):77-82.

[5] MICAH C. Additive Manufacturing in Aerospace[EB/OL]. 2013-11-01[2015-05-07]. http://www.rapidmade.com/rapidmadeblog/2013/11/1/additive-manufacturing-inaerospace.

[6] China Die & Mould Industry Association. The "12th Five-Year" development plan of mould industry[J]. Die & Mould Industry, 2011, (01): 1-8.

[7] ALTAN T, LILLY B, YEN Y, et al. Manufacturing of dies and molds[J]. CIRP Annals-Manufacturing Technology, 2001, 50(2):404-422.

[8] 陶永亮. 模具制造技术新理念[J]. 模具制造,2012,12(03):1-4.

[9] 李发致. 模具先进制造技术[M]. 北京: 机械工业出版社, 2003.

[10] 张升. 医用合金粉末激光选区熔化成形工艺与性能研究[D]. 武汉:华中科技大学,2014.

[11] 季宪泰. 激光选区熔化成形S136模具钢组织及性能研究[D]. 武汉:华中科技大学,2018.

[12] WEN S, JI X, ZHOU Y, et al. Corrosion behavior of the S136 mold steel fabricated by selective laser melting[J]. Chinese Journal of Mechanical Engineering. 2018,31(06):68-78.

第4章　3D打印金属基复合材料存在的问题与展望

本章主要概述了近十年来激光3D打印金属基复合材料的研究现状，包括工艺参数对复合材料组织与性能演变等方面的影响规律，同时也指出了成形过程中一些常见的缺陷（裂纹、孔隙等）及其产生的原因，这些缺陷限制了激光3D打印金属基复合材料的成形和应用。

金属基复合材料从诞生以来已有几十年的历史，由于其兼有金属的塑性和韧性以及增强体陶瓷的高强度和高刚度，且比重小，被广泛应用于机械、汽车、航空航天等领域。目前，金属基复合材料还难以实现大规模生产，主要受限于其制备工艺不完善、制造成本高等因素。根据基体相的不同，金属基复合材料可以划分为铁基、钛基、铝基及镍基复合材料等。受航天工业的影响，国内外学者大多将研究重点放在轻金属基复合材料上，如钛基、铝基；而对于铁、镍等重金属基复合材料的研究则相对较少。

迄今为止，制备金属基复合材料的方法主要有粉末冶金法、喷射成形法、搅拌铸造法及3D打印等方法。制备金属基复合材料，尤其是纳米金属基复合材料时，传统方法如铸造、粉末冶金法虽然有其优点，但不足也很明显，一方面是由于传统工艺一般热作用时间长，纳米的晶粒会严重长大；另一方面，较大熔池环境下，纳米颗粒极易发生团聚，不易得到组织均匀的高性能复合材料。

4.1　研究现状

钢铁仍是21世纪占主导地位的结构材料，其发展越来越多元化，铁基复合材料是其中重要的分支，目前困扰着铁基复合材料发展的瓶颈在于传统成形技术对其性能的提升十分有限，并且生产周期长。因此，不少研究者开始将重点由传统工艺转向新型的激光3D成形技术，以期获得高硬度、耐磨性及高温性能更好的铁基复合材料。

钛基复合材料具有高强度、强抗腐蚀性、轻质及生物相容性好等优点，主要应用在航空航天、生物医学以及汽车制造领域，结合激光3D打印成形技术，能加工出形状复杂的航空发动机零件及个性化的生物植入体等，可以进一步满足未来的发展需求。

铝基复合材料作为轻质材料的代表，具有高强度、低热膨胀系数及耐磨性突出等优点，也是国内外研究的一个热门方向。但是，目前激光 3D 打印成形铝合金及其复合材料的难度还比较大，容易产生组织缺陷，主要是由于：①铝合金粉末较低的激光吸收率；②非常高的热传导率；③对氧元素亲和力高，高温容易氧化。

镍基复合材料具有良好的高温强度、抗热疲劳、抗氧化和抗热腐蚀性能，可以部分取代传统镍基高温合金，用于制造涡轮叶片、火箭发动机、核反应堆和化石燃料组件。其中有很多组件为复杂的薄壁结构，而镍基复合材料本身又具有很高的强度，传统制造技术难以保证加工精度，加工难度也非常高。鉴于激光 3D 成形技术有一些独特的优势，也可将激光 3D 打印成形技术融入传统制造技术中。

4.2 存在的问题

金属基复合材料具有更高的比强度、比模量，更好的耐磨性及更低的热膨胀系数，已经有很多国家的科学工作者进行了广泛的基础研究，因此近十年来激光 3D 打印金属基复合材料已经取得了长足的进步。但目前的制备工艺及材料仍存在较多问题，制备材料中经常会出现诸如裂纹、气孔等缺陷，大大降低了陶瓷相对基体的强化作用，严重制约了激光 3D 打印金属基复合材料的研发和应用。

4.2.1 裂纹

裂纹是激光 3D 打印金属基复合材料中最棘手的缺陷，一旦加工过程中产生裂纹，制备出的零件将不能投入到实际应用中。从以往的研究来看，产生纹裂的原因主要有以下几个：

(1)冷却速率快，温度梯度大。加工过程中，粉末的熔化和凝固都是在极短时间内完成的，从而使内应力没有足够的时间释放而保留在材料中，当材料内部内应力超过一定值时，就会产生裂纹。

(2)热膨胀系数不匹配。增强相和基体间热膨胀系数相差比较大时，会导致两者间膨胀和收缩不均匀，从而产生很大的应力，引起开裂。

(3)成形参数对成形件的质量具有最直接的影响。扫描速度和激光功率是对成形件质量影响最大的两个参数，激光能量密度 $E=P/V$ 过低时，会增加金属液的黏度，降低金属液的润湿性，从而降低致密化，因此成形件表面就不可避免会产生微裂纹。

(4)增强相含量。在基体中添加过多的增强相，尤其是纳米增强相时，很容易造成增强相间发生团聚，在加热过程中又很难完全熔化，会使较大尺寸团聚体与基体间的结合强度减弱，导致裂纹的生成。

4.2.2 球化效应

球化是SLM成形过程中较难控制的一个问题，由于成形熔池一般在200 μm以下，微小的熔体在表面张力的驱使下具有凝固球化的趋势。一旦金属溶体的成形过程中产生球化现象，将很难得到表面质量好的成形件，还会导致内部孔隙的形成，严重时会迫使成形过程停止，造成成形件加工失败。关于球化效应的影响因素主要有以下几个方面。

(1)激光对熔池的冲击。熔池受到冲击后，会造成熔池液滴飞溅，这是一部分小尺寸球形成的原因。另外，熔池会吸收一部分的激光能量并转化成其表面能，根据最低表面张力原理，金属液凝固后可能会形成球。

(2)增强相含量。复合材料中增强相含量越高，熔化后其黏度也越高，从而阻碍了熔池的充分流动，降低其整体流变性能；在高能量激光作用下，熔池内部会形成Marangoni对流，熔池中增强相含量越高，金属液倾向于径向流向激光束中心处，从而引发球化效应。

(3)输入激光能量不足。成形过程中金属液的动态黏度μ可以下面这个公式来评估：

$$\mu=\frac{16}{15}\sqrt{\frac{m}{kT}}\gamma$$

式中：m代表原子质量；k代表布尔茨曼常量；T代表熔池温度；γ是表面张力。当激光能量密度较低时，熔池温度也会随之降低，反过来就会增加金属液的黏度，从而增加熔池局部不稳定性，为了保持平衡状态，这种不稳定的金属液熔化道将断裂成数个球形的团聚体。

4.2.3 孔隙

孔隙是限制激光3D打印金属基复合材料应用的一个重要因素，其原因在于孔隙的存在会增加零件的裂纹敏感性，一旦孔隙中的气体压力过高时，就会与成形件中的残余应力相互作用导致裂纹的产生。孔隙形成不仅与球化现象有很大联系，还受其他几个方面因素的影响。

(1)粉体特性。目前成形用粉末多为气雾化加工制得，产品中会存在少量的空心粉，在快速熔化及凝固过程中，空心粉中存在的气体若来不及析出，就会在成形件中形成孔隙。另外，制备金属基复合材料的粉末一般要进行球磨，球磨参数的选择对粉末的粒径、形貌等有很大的影响，球磨时间过长时，会导致颗粒变得扁平，继而降低了粉末的流动性，铺粉效果也会变差，这都会增加零件的孔隙率。

(2)激光能量密度。激光能量密度过大时，熔池的冷却时间也会随着增加，可能会造成热影响区的晶格中释放出气体，未及时析出就会形成球形气孔；激光能量密度过小时，使得熔池尺寸变小，冷却时间缩短，造成少量黏度较高的液相的形成，这部分液相与周边粉末润湿性较差，从而导致一些不规则孔隙的形成。

4.3　研究总结与展望

如上所述，使用 SLM、LENS 及 EBSM 技术制备的金属基复合材料存在着很多缺陷，因此为了得到高致密、性能优异的金属基复合材料，需要对成形工艺参数、预热基板和增强体含量等实验条件进行改进和优化，进一步突破性能不稳定、成形零件困难等限制。虽然现在有不少关于这方面的研究，但大部分研究都集中在通过完善工艺来制备金属基复合材料，注重其组织和性能的改变，而对于成形过程中熔池内基体与增强相相互作用、界面等机理性的问题却鲜有涉及，以致在研究过程中要投入更多的成本和精力去探索合适的工艺参数。正因如此，在今后的激光 3D 打印金属基复合材料研究中应重点关注以下几个方面。

(1)预成形复合材料粉末。目前 3D 打印用粉末都是单质或合金粉末，要制备金属基复合材料，首先需要将两种或以上的粉末通过机械球磨的方式混合在一起，但是机械球磨很难保证粉末的球形度和增强相的均匀分布，产生缺陷的可能性也会增加。所以，研究和开发直接用来成形的复合材料粉末有很大的实际意义。

(2)基体与增强体的界面问题。激光成形具有快速熔化和凝固的特点，使得其不同于复合材料传统的成形方法，再加上基体和增强体本身物理、化学性质之间的差异，基体与增强体润湿性、界面反应等问题就变得尤其复杂。只有深入解开这些机理性问题，才能较好地控制界面反应程度、稳定性及强度等，获得所需的复合材料。

(3)激光 3D 打印金属基复合材料性能评价。材料性能是决定应用的一个重要标准，但激光成形不同于其他加工工艺，复合材料的服役、损伤都需要重新来评价，这也是为实现金属基复合材料大规模应用提供标准的参考依据。

(4)利用计算机模拟技术来指导成形实验。将创建的预测物理模型与采集的实验数据相对比，来进一步调整优化模型，最终建立一个适合某材料体系的模型。这样可以降低实验的周期和成本，也可以为其工业化奠定基础。

参考文献

[1] ZHAO X，SONG B，FAN W，et al. Selective laser melting of carbon/AlSi10Mg composites：microstructure，mechanical and electronical properties

[J]. Journal of Alloys and Compounds, 2015, 665: 271.

[2] KRAKHMALEV P, YADROITSEV I. Microstructure and properties of intermetallic composite coatings fabricated by selective laser melting of Ti-SiC powder mixtures[J]. Intermetallics, 2014, 46: 147.

[3] SHI Q, GU D, XIA M, et al. Effects of laser processing parameters on thermal behavior and melting/solidification mechanism during selective laser melting of TiC/Inconel 718 composites[J]. Optics and Laser Technology, 2016, 84: 9.